丛书主编：霞子

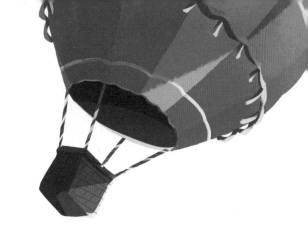

万物皆有理
大气中的物理

高登义　魏科　著

电子工业出版社·
Publishing House of Electronics Industry
北京·BEIJING

图书在版编目（CIP）数据

万物皆有理.大气中的物理 / 高登义，魏科著 . —北京：电子工业出版社，2024.1
ISBN 978-7-121-46841-4

Ⅰ . ①万… Ⅱ . ①高… ②魏… Ⅲ . ①物理学－少儿读物 Ⅳ . ① O4-49

中国国家版本馆 CIP 数据核字（2023）第 231914 号

责任编辑：仝赛赛　吴宏丽　文字编辑：郝国栋　常魏巍
印　　刷：北京瑞禾彩色印刷有限公司
装　　订：北京瑞禾彩色印刷有限公司
出版发行：电子工业出版社
　　　　　北京市海淀区万寿路 173 信箱　　邮编：100036
开　　本：720×1000　1/16　印张：8　　字数：153.60 千字
版　　次：2024 年 1 月第 1 版
印　　次：2024 年 8 月第 3 次印刷
定　　价：49.80 元

凡所购买电子工业出版社图书有缺损问题，请向购买书店调换。若书店售缺，请与
本社发行部联系，联系及邮购电话：（010）88254888，88258888。

质量投诉请发邮件至 zlts@phei.com.cn，盗版侵权举报请发邮件至 dbqq@phei.com.cn。

本书咨询联系方式：（010）88254510，tongss@phei.com.cn。

品味一场物理学的盛宴

物理，物理，万物之理。

美国物理学家、2004 年诺贝尔物理学奖得主弗兰克·维尔切克说，在物理学中，你不需要刻意到处找难题——自然已经提供得够多了。

物理学，是探索未知事物及其成因的学问，它寻求关于世界的基本原理、事实和定量描述，研究宇宙中一切物质的基本运动形式和规律。它是我们认识世界的基础，是自然科学的带头学科，是 20 世纪科学和技术革命的领头羊。我们的现代文明，几乎没有哪个领域不依赖物理学。

说"世界是建立在物理规律的基础上的"，或许并不夸张。中国科学院院士、理论物理学家于渌曾谈及，20 世纪物理学的两大革命性突破——相对论和量子论，导致了科学技术的革命，造就了信息时代的物质文明。

物理学之重要性毋庸置疑。可提起物理，各类复杂的公式、各种抽象的概念，常常让人望而却步。这似乎又是个很现实的问题：那样"高冷"的物理，难得让学子亲近；走进公众视野，也殊为不易。

好在电子工业出版社精心策划并推出由多位科学家和科普作家携手打造的一套物理启蒙科普读物——"万物皆有理"系列图书，及时化解了这个另类的"物理学难题"。这套书集中展示了物理世界中形形色色的奇妙现象，生动诠释了诸多物理定律和原理的应用与发展，深入探究了物理学的发展与人类文明进步的关系。

这套书呈现给读者的，是在我们周围自然现象中"现身"的活生生的物理，是凸显出人类创新思维和创造智慧的非凡轨迹的物理，是能够引出许多有趣问题的答案并激发人们做出更多思考的物理。

这样的物理，距离我们还远吗？

读"万物皆有理"系列图书，品味一场物理学的盛宴。

是为序。

中国科普作家协会副理事长、科普时报社社长　尹传红

2023 年 10 月 24 日

大气成分与大气分层

探秘天空

目录

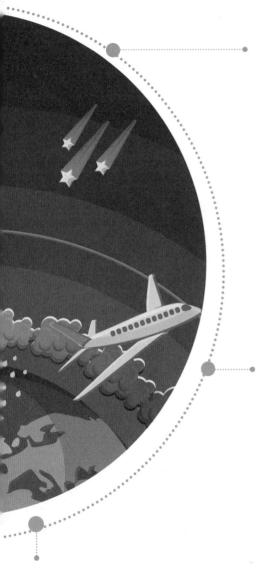

大气成分与大气分层

我们生活在地球大气层的最底部，处于适宜的温度、湿度、压强和光照条件之下，一切都恰到好处。我们离不开地球的大气层，假如没有大气层，我们要面对致命的宇宙射线、极端的高温和寒冷天气，整个生态系统也会彻底崩溃。

空气里都有什么成分

空气无色无味，我们每天都生活在空气中，每时每刻都呼吸着空气。那么，空气里到底有什么成分？科学家又是如何弄清空气中成分的呢？

空气肯定不是由一种物质组成的。生活中我们最直观的感受是，湿衣服在空气中可以晾干，雨后的潮湿地面在一段时间之后会变得干燥，这是因为湿衣服和地面中的水分变成水蒸气挥发了。脆脆的薯片和饼干暴露在空气中几天后，口感就没有那么脆了，是因为这些干燥的食品吸收了空气中的水汽。在合适的条件下，潮湿的空气会变成露水、白霜、雨和雪，这是水汽在气态、液态和固态之间进行的神奇的"魔法"转换。

空气中有很多杂质，如灰尘颗粒。明亮的阳光从窗户照进房间时，我们就能看到空气中有很多悬浮的灰尘颗粒在飞舞。当地面比较干燥时，风就会把细小的灰尘颗粒吹到空中。空气质量预报里所说的$PM_{2.5}$就是指空气中的细颗粒物，这些细颗粒物比我们在光照下看到的灰尘颗粒还要小，它们的当量直径（表示颗粒物的大小）小于或等于2.5微米，肉眼看不到，但可以被我们吸入肺泡和细支气管中。

在拉瓦锡发现氧气和燃烧的秘密之前，欧洲一直流行着"燃素学说"，认为物质能燃烧是因为物质中含有一种叫作"燃素"的微粒，这是一种细小而活泼的微粒，当大量的"燃素"聚集在一起时，就会形成火焰，当其弥漫在周围的时候，人就会感觉到热。这种学说认为，正常情况下物质中的"燃素"不会自动分解出来，需要空气将物质中的"燃素"吸出来，才可以形成燃烧。1774年，化学家拉瓦锡发现氧气，并指出燃烧的本质是氧化反应过程，这才终结了"燃素学说"的流行。

去除水汽、灰尘和细颗粒物后，干燥并且没有杂质的空气（也被称作干洁空气）是包含多种气态物质的混合物。

(((知识小卡片

混合物 由两种或多种物质混合而成的物质。组成混合物的各种物质保持着其自身的性质，我们可以用物理方法将混合物所含物质加以分离，从而得到各个物质的纯净物。

科学家一直想弄清楚空气中的气态物质到底有什么。

1754 年，英国化学家约瑟夫·布莱克做了个实验，他对石灰石进行煅烧，发现煅烧后的石灰石重量减少了 44%，其中有气体释放了出来，这让他大吃一惊。布莱克把这种释放出来的气体叫作"固定空气"。他沉迷其中，对"固定空气"的性质进行进一步研究，发现点燃的蜡烛不能在"固定空气"中继续燃烧，麻雀或小白鼠在"固定空气"中也会窒息而亡；"固定空气"可以被石灰水吸收，生成的白色沉淀物与石灰石的性质完全相同；并且空气中就包含"固定空气"，我们呼出的气体中也存在"固定空气"。此时，这种存在于空气中的气体虽然被发现了，但没有得到命名。

1772 年

1772 年是揭秘空气成分重要的一年。布莱克的学生丹尼尔·卢瑟福做了一系列实验，他把老鼠放进密闭的玻璃罩里，在老鼠死后，卢瑟福发现玻璃罩中空气体积减少了 1/10；若将剩余的气体再用苛性钾（氢氧化钾）溶液吸收，则会继续减少 1/11 的体积；当把燃烧的蜡烛放进去之后，蜡烛只有微弱的烛光，然后会熄灭，接着放入燃烧的磷，磷仍能燃烧一会儿。但此时玻璃罩内依然剩下大量的气体。很明显，这种气体不能维持生命，不能维持燃烧，性质稳定，且不溶于苛性钾溶液。卢瑟福当年 9 月发表了一篇论文，名叫《固定空气和浊气导论》，他把这种气体叫作"浊气"或"毒气"。

1772 年

1772 年，瑞典化学家卡尔·威廉·舍勒做了一系列实验，他把一系列当时认为包含"燃素"的物质放在密封的容器里点燃，这些物质包括硫磺、松节油等，他对燃烧后的剩余气体进行测量，发现剩余气体的密度比空气小，并且不助燃。于是他认为空气主要由两种物质构成：一种有助于燃烧，并且能维持生命；另外一种不能燃烧，也不能用作呼吸，他把这部分气体叫作"浊气"或"劣质空气"，燃烧耗掉的那部分叫"火空气"。他发现木炭在"火空气"中燃烧可以发出耀眼的光，比在普通空气中燃烧得更快，将 1/5 的"火空气"和 4/5 的"浊气"混合于瓶中，可以使蜡烛正常燃烧，也可以让老鼠同在普通空气中一样呼吸。

1774 年

化学家约瑟夫·普里斯特利在玻璃瓶里装满了水银（也称作汞，常温下为液体）和氧化汞，这是古时候炼丹师们喜欢用的材料。普里斯特利把玻璃瓶倒放在装满水银的水槽里，玻璃瓶里没有空气，氧化汞浮在最上面，然后普里斯特利用凸透镜聚集太阳光，使其照射到氧化汞上，氧化汞受热温度升高，分解成汞，并释放出一种气体，这种气体聚集起来能排走玻璃瓶中的水银，使得水银面降低。这是什么气体呢？

普里斯特利做了许多实验来研究这种气体的性质，他把燃烧的蜡烛放进该气体中，蜡烛竟发出耀眼的强光；把一只老鼠放到充满该气体的瓶子里，老鼠活蹦乱跳，很自在。于是普里斯特利自己深吸了一口这种气体，感觉没什么不适，并且过了一会儿，身体还感觉很轻松愉快，看来这种气体有助于燃烧和呼吸，与普通空气差不多，但是对于燃烧和呼吸的作用更强。

经过 200 多年的发展，目前我们对空气成分已经有了非常准确的了解，干燥且无杂质的空气中的主要成分为氮气，体积比为 78.084%，其次为氧气，体积比为 20.947%，惰性气体的体积比为 0.934%，其余气体的体积比比较低。

在探究空气成分的历程中，科学家不断地设计各种实验，并进行定量测量，反复比较和思考，终于把身边空气的成分研究清楚了。所有的科学研究成果都是来之不易的，科学家这种不断进取、不断开拓的精神值得我们学习。这对你有什么启发吗？

1774 年

化学家拉瓦锡受普里斯特利和舍勒的实验的启发，心有所动，便重复做了几次实验，并仔细研究了燃烧的过程。他把舍勒笔下的"劣质空气"命名为 Nitrogen（氮气），把"火空气"命名为 Oxygen（氧气）。通过燃烧实验，他提出了燃烧的氧化学说，即燃烧是氧气参与的反应过程，因此拉瓦锡被看作真正发现氧气的人。

1787 年

拉瓦锡发表文章，讲述将木炭放进氧气中燃烧后产生的气体，测定之后发现其为"固定空气"，由于这种气体溶于水后呈弱酸性，所以改称其为"碳酸气"。他的测定结果表明，这种气体中碳占 23.4503%，氧占 76.5497%，从而揭示了这种气体的组成。

1803 年

英国化学家约翰·道尔顿到1803年才确定了这种气体的组成，其分子是由一个碳原子和两个氧原子组成的，并称这种气体为"二氧化碳"。

19世纪中期，西方关于空气成分的理论传到中国，清末著名科学家徐寿认为人的生存离不开 Oxygen，所以就为其起中文名为"养气"。而给 Nitrogen 起中文名为淡气。后来为了统一，用"氧"代替了"养"字，用"氮"代替了"淡"字，便有了如今"氧气"和"氮气"的叫法。

史前巨兽呼吸的空气是什么样的

在恐龙时代之前的石炭纪（3.59亿—2.99亿年前）时期，大陆上出现了大规模的森林，还有翼展接近 1 米的巨大无比的蜻蜓，以及长 1 米多的蜈蚣。

为什么这些动物长得这么大？

科学家现在还不能完全回答这个问题，不过他们做了一些猜测：石炭纪时期空气中氧气浓度非常高，可达 30%～35%，这对于蜻蜓和蜈蚣这类节肢动物有利，因为它们通过气管系统直接将氧气输送到呼吸组织而不依赖于血液循环。在侏罗纪和白垩纪时期（2.01亿—6600万年前），空气中氧气的浓度约为 25%～30%，这也远高于现在空气中氧气的浓度。

在地球历史上，空气成分一直在变化。要想知道地球早期的空气成分，就需要了解太阳系和地球早期的样貌。

对此，科学家有不少研究和假设。

目前广为接受的理论是"星云说"，这是 18 世纪德国哲学家康德和法国数学家拉普拉斯共同提出的学说，即"康德－拉普拉斯星云说"，这个学说认为太阳系在形成之前，是一片由炽热气体组成的缓慢转动的星云，其直径远大于现今的太阳系。星云在引力的作用下逐渐收缩并变得致密，转动速度也逐渐加快。星云先变成扁的圆盘状，后来逐渐演变出中心的原始太阳。围绕原始太阳旋转的物质不断碰撞、聚合，逐渐形成绕太阳转动的行星。

知识小卡片

石炭纪 是植物世界大繁盛的代表时期。开始于距今 3.59 亿年，约持续了 6000 万年。由于这一时期形成的地层中含有丰富的煤炭，因而得名"石炭纪"。

侏罗纪 恐龙的鼎盛时期，距今 2.01 亿—1.45 亿年，约持续了 5400 万年。食肉恐龙代表：异特龙、角鼻龙、蛮龙；食草恐龙代表：腕龙、梁龙、剑龙；水生生物代表：滑齿龙、克柔龙。

白垩纪 恐龙的衰亡时期，距今 1.45 亿—6600 万年，约持续了 8000 万年。食肉恐龙代表：雷克斯暴龙（霸王龙）、特暴龙、鲨齿龙、巨兽龙、棘龙、伶盗龙（迅猛龙）；食草恐龙代表：三角龙、鸭嘴龙、甲龙、阿根廷龙、波塞东龙、潮汐龙；水生生物代表：沧龙、恐鳄。

地球就是其中的一颗行星。地球最早呈熔融状，像一锅熔化的铁水在高速旋转，此时地球尚没有大气层和海洋，但是太阳形成后的残留气态物质环绕其旋转，包括氢和氦，还可能有简单的氢化物，如水蒸气、甲烷和氨气，这就是原始大气。这样的气体成分现在还存在于巨行星木星和土星上。

在旋转和重力的作用下，地球内部的物质开始分层，重的物质集中于中心，形成地核，轻的物质悬浮在地球表层，形成地壳，中间的物质形成地幔。那时的地球不断与小行星和周围的小天体发生碰撞。频繁的撞击和地球内部的高温促使火山频繁活动，地球像一锅煮沸的汤一样不断"冒泡"。

火山爆发时形成的挥发性气体及地球内部的气体上升到地表，逐渐代替了原始大气，形成了次生大气。次生大气的主要成分是二氧化碳、甲烷、氮气、一氧化碳、硫化氢、氨气和惰性气体，以及小行星撞击地球后形成的一些气体。后来，随着地球逐渐冷却，降水形成了海洋，二氧化碳溶于水后，形成了碳酸盐沉积物。氮气不与水、酸碱等物质反应，不参与燃烧和呼吸，是次生大气中成分比较稳定的气体。

最早的生物诞生于至少 37 亿年前，是单细胞生物体，叫作原核生物，细菌就是这种生物的代表。约 27 亿年前，在太古宙晚期出现了蓝藻，这是能够进行光合作用、产生氧气的细菌（光合放氧细菌），地球大气从此进入含氧气的时代。氧气在大气和海洋中的出现在地球历史上被称作"大氧化事件"。氧气的出现使得厌氧生物大规模灭绝，而更复杂的可进行光合作用的有氧生物大量出现。

随着氧气的出现，地球大气在紫外线的作用下逐渐形成臭氧层，其形成时间在 25 亿—15 亿年前。约 6 亿年前，臭氧层厚度达到了现在臭氧层厚度的约 1/10。臭氧层吸收了太阳光中致命的短波紫外线，使得陆地表面和浅海区域更加适宜生物生存，在 5.8 亿—5.2 亿年前发生的第二次"大氧化事件"进一步促进了地球生物的繁荣生长。科学家推测，大约 5.4 亿年前，地球上的生物种类和数量在短时间内大幅增加，形成了多种门类生物共存的繁荣景象，这称为寒武纪生命大爆发。生物在陆地和海洋上丰富起来之后，进一步促进了大气中氧气含量的增加，逐渐形成了现在以氮气和氧气为主的大气，也称为"第三大气"。

石炭纪时期，大气中的氧气含量高达 30% 以上，氧气含量的大幅度增加离不开地球生物的作用。这一时期，植物里长出了木质素，植物变得更高大，其枝干变得更结实，然而，木质素对微生物来说很难消化。植物通过光合作用吸收二氧化碳，释放氧气，使大气中的氧气含量持续增加，从而使昆虫长得巨大无比，因此石炭纪时期又被称为"巨虫时代"。同时，树木的滥生让地球陷入危机，直到微生物演化出分解木质素的能力，将植物锁住的碳重新以二氧化碳的形式返回大气，大气环境才得以建立新的平衡。

由此可见，现在的大气成分是地球长期演化的结果，是地球各个圈层进行充分的物质循环的结果。大气成分还在继续演变，总体看来，其变化过程是平衡且稳定的，在短时期内不会有明显变化。

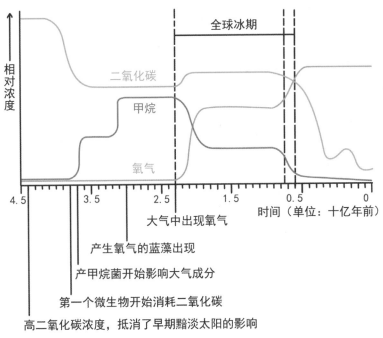

● 地球历史上二氧化碳、甲烷和氧气相对浓度的演化

大气成分的变化曾经导致地球表面发生沧海桑田的剧变，其中最严重的莫过于"冰雪地球"事件，这是迄今为止地球历史上最严重的冰期事件，其主要特征为：整个地球大陆被厚厚的冰川覆盖，海洋的大部分区域甚至整个海洋都被一层冰所覆盖。这种剧变的产生可能和地球演变过程中温室气体的大幅度减少有关，最为典型的"冰雪地球"事件发生在新元古代，时间差不多在 7.5 亿年前，当时地球生物经受了最严酷的考验，大量生物遭到灭绝。

空气成分的变化引起了地球气候和面貌的变化，工业革命以来，人类活动使大气中温室气体的含量飙升，其增幅远超自然的演变过程，需要引起人们的高度重视。

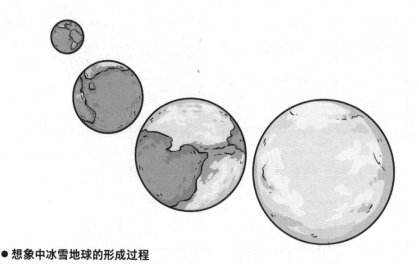

● **想象中冰雪地球的形成过程**

《《 **知识小卡片**

　　游离态氧气 游离态是与化合态相对应的,化合态是与其他元素相结合的物质。游离态氧气中只有氧元素。氧气生成后会迅速与其他物质反应,所以一般情况下是没有游离态氧气的。

不可轻视的微量气体和痕量气体

空气是含有多种气体的混合物。按照空气中各种气体浓度的不同，可分为主要气体、微量气体（也称次要气体）和痕量气体。主要气体包括氮气、氧气、惰性气体，在干洁的空气中，它们的浓度分别可达到 78.084%，20.947% 和 0.934%，加起来占空气总体积的 99.965%。

微量气体的浓度小，在 1ppm 到 1% 之间，包括二氧化碳、水蒸气、甲烷、一氧化二氮、氦气、氖气、氪气等。目前空气中二氧化碳的浓度约为 418 ppm，意味着如果把空气分成 100 万份，二氧化碳的含量只占 418 份左右。

痕量气体的浓度在 1ppm 以下，包括臭氧、氢气、氮氧化合物、氨气、硫化物及人为污染物（氟氯烃类化合物）等，需要用 ppt 和 ppb 来衡量它们在空气中的浓度。

少，并不表示不重要。尽管微量气体和痕量气体在大气中的浓度非常低，但这些气体对于地球的气候和环境都有重要的影响，当它们的含量发生异常变化时，往往会引起重大的环境问题。

对于空气中少得只有一点儿痕迹的气体来说，不适合用百分比来表示其浓度，一般用 ppm、ppb 和 ppt 这样的单位来表示。ppm（parts per million）表示 100 万分之一，ppb（parts per billion）表示 10 亿分之一，而 ppt（parts per trillion）表示一万亿分之一。

小贴士

● 温室气体排放

微量气体的浓度变化正在悄悄重塑地球的气候。例如，二氧化碳、甲烷和一氧化二氮都是温室气体，截至 2022 年 3 月，它们的浓度分别约为 418ppm、1910ppb 和 335ppb，比工业革命前分别高约 49%、162% 和 23%，这是非常大的变化。温室气体浓度的增加会带来温室效应的增强，目前温室效应已经使全球温度增加了约 1.1 摄氏度，对全球气候和区域极端事件的发生频率和强度造成了剧烈的影响，如南北极冰雪融化加剧，海平面上升。

　　痕量气体，如臭氧，和空气污染密切相关。在近地面，臭氧是一种浓度非常低的气体，在正常的未受污染的空气中，臭氧的浓度大约为 10ppb；当发生严重污染时，臭氧的浓度可以增加到 200ppb 以上，此时就会发生严重的光化学污染。

　　此外，空调和制冷设备使用氟利昂类的物质，这类物质挥发后产生的气体也是痕量气体，这些自然界中原本不存在的气体进入大气之后，会随着大气环流进入平流层，在紫外线的作用下变成游离态的氯原子。这种氯原子是平流层臭氧破坏的催化剂，会加速臭氧层破坏，1 个氯原子可以破坏 10 万多个臭氧分子，但其自身在反应前后不会发生改变，可以继续参与反应，不断破坏臭氧层，导致南极上空出现了严重的臭氧洞。因为臭氧层能吸收太阳光中的短波紫外线，保护地球上的生命不被紫外线过度照射，所以臭氧洞的出现被认为是 20 世纪 80 年代全球最严重的环境问题。

国际社会正在采取共同合作的方式，在全球停止生产、销售和使用含有氟利昂类物质的产品，以使氟利昂类物质的浓度缓慢降低。例如，一氟三氯甲烷（CFC-11）既是一种常用的制冷剂，也是一种常见的发泡剂，曾经被广泛应用，是对臭氧破坏最严重的一种化学物质。自从国际社会共同合作以来，不仅遏制了CFC-11的快速增长趋势，而且把低层大气中CFC-11的浓度从1995年的约265ppb降低到2020年的约230ppb，成效巨大，人们已经看到彻底清除这种物质的曙光。

　　为了保护我们赖以生存的大气环境，目前国际社会正在通力合作，一起采取低碳行动，并努力实现在本世纪中叶不往大气中排放多余的二氧化碳的目标。人们期望能在较短的时间内，控制二氧化碳等温室气体持续飙升的势头。这将是一条艰苦卓绝的拯救地球气候的奋斗之路。

(((知识小卡片

痕量气体　空气中浓度非常小的气体，少得只有一点儿痕迹。

温室气体　大气中能吸收长波辐射的气体，这些气体吸收地面发射的长波辐射，并将其重新反射到地面，使得地球表面变得更暖，类似于温室。这些气体主要是水蒸气、二氧化碳、甲烷、臭氧等。

人体健康的"杀手" ——大气污染

　　"预计明日风力不大，温度较低，首要污染物为$PM_{2.5}$，空气质量指数90～110、2～3级、良、可能轻度污染。"我们经常在广播里听到这样的空气质量预报，从中可得知明天的空气污染状况。我国的空气质量指数分为6级，分别为优（1级，空气质量指数0～50）、良（2级，空气质量指数51～100）、轻度污染（3级，空气质量指数101～150）、中度污染（4级，空气质量指数151～200）、重度污染（5级，空气质量指数201～300）、严重污染（6级，空气质量指数>300）。因此"空气质量指数90～110"意味着空气质量并不优，易过敏、有呼吸道疾病和心脏病的人需要减少户外锻炼时间。

> 1785年，德国物理学家冯·马鲁姆给密闭玻璃管汞面上的氧气通电时，闻到一股强烈的臭味，但他并未深究。随后这种带有强烈臭味的神秘气体被德国科学家舒贝在实验中发现，舒贝断定这是一种新气体，从而宣告了臭氧的发现。

小贴士

小实验

　　1. 准备一盆凉水、一杯热水，蓝色和红色墨水各一份。将装热水的杯子放入盆中凉水上部，模拟大气层中温度随高度的增加而升高的逆温现象，此时将蓝色墨水注入热水杯中，等一会儿，你观察到了什么现象？

　　2. 将装热水的杯子放入盆中凉水上部，然后往凉水盆中加入热水，模拟逆温层被破坏的过程。接着将红色墨水注入杯中，等一会儿，你观察到了什么现象？

当空气污染比较严重时，空气污浊，天空显得灰蒙蒙的。到了夜晚，在灯光的照射下，空气呈现橙色。我们乘坐飞机时，会在飞机起飞或降落时看见地面以上几百米高处有一层分界线，分界线以上是蔚蓝天空，而分界线以下空气污浊，这种天气现象与普通的雾天完全不同，被称作雾霾天气，是由大气中的细颗粒物——$PM_{2.5}$污染造成的。这些$PM_{2.5}$中包含各种复杂的化合物和有毒有害物质，被吸入人体后，会给人们带来各种健康问题。有些特别细小的颗粒物还可以突破人体血脑屏障，影响人的大脑健康。

严重的空气污染会对全球环境造成巨大的影响。1952年12月初，高压气团笼罩了英国，天气寒冷，伴有大雾。为了抵抗严寒，人们开始通过燃烧大量煤炭来取暖。与此同时，工厂也大量用电。在这种情况下，大量污染物在空气中聚集，导致了严重的空气污染，被称作"伦敦烟雾事件"。污染最严重时，人们在街上走路都需要小心翼翼，甚至需要手持电灯或者火把，以防在浓雾中与突然出没的行人和车辆相撞，回家后还会发现脸上和鼻孔里都沾满黑色的物质。街上的车辆都亮着车前灯缓缓行驶，司机不得不把头伸向车窗外仔细观察前方，而交通引导员需要用手电指引汽车缓慢行进。这样的空气中有高浓度颗粒物、一氧化碳、硫化物（主要是二氧化硫）、二氧化氮和其他化学物质，在湿度较高的情况下，形成强酸性浓雾，使得空气中散发着一股难闻的臭鸡蛋味，可诱发人体患支气管炎、肺炎、心脏病等，因此短短几日，伦敦市民呼吸道疾病的发病率及死亡率急速上升。

21世纪以来，随着我国经济的高速发展和城市化的迅速推进，在京津冀、长三角、汾渭平原、川渝地区多次发生大范围、长时间的大气污染。2013年1月，全国中东部、东北部及西南部分地区发生了严重的大气污染，受影响人数达8亿以上。2013年1月13日10时，北京市气象台发布了北京气象史上首个霾橙色预警信息，这次污染事件致使呼吸道感染患者的比例显著上升。

雾霾的爆发与不利的气象条件有密切关系，静稳天气是雾霾产生的重要条件。静稳天气，即平静又稳定的大气，通常指风速较小，湿度较大，有逆温层存在的大气。静稳天气下，大气中风速较低，污染物不容易被吹走；而且湿度较大，污染物会吸湿增长，加重空气污染程度；逆温层存在时，气温随高度增加而升高，大气层结构稳定，像锅盖一样盖在城乡上空，不利于污染物向上扩散。

● 城市雾霾

有些污染物是肉眼不可见的。例如，在阳光明媚的夏日，蓝蓝的天上白云飘，而空气质量监测结果却表明存在大气污染，这时空气中的主要污染物可能就是臭氧。臭氧是氧气的一种同素异形体，是有鱼腥气味的淡蓝色气体，有强氧化性。当臭氧的浓度过高时，万物都难逃它的"毒手"。更可怕的是，透明的臭氧只能通过仪器监测，人们即使感觉不适，也难以察觉是臭氧超标的原因，更谈不上及时保护自己。因而，臭氧污染是名副其实的"隐形杀手"。另外，我们需要注意的是，打印机、复印机等也会产生臭氧和一些有机废气，长期接触可能会引发呼吸道感染、心血管疾病，甚至造成神经中毒。研究发现，臭氧污染的发展可能导致人们过早死亡。

臭氧污染为何与夏季密不可分呢？主要因为臭氧是近地面光化学反应的产物，臭氧的形成需要艳阳下的强紫外线辐射及高温、低湿和静稳的大气环境。于是光照条件最好的夏季就成了臭氧污染的催化剂。日照越强，光化学反应越剧烈，生成的臭氧浓度越高。因此，一般午后12—15时臭氧污染最严重。

臭氧污染导致的最严重的历史事件是洛杉矶的光化学污染事件。20世纪40年代初，美国洛杉矶工业发展迅速，人口呈爆炸性增长，迅速成为美国第二大城市。然而，每年从夏季到初秋的晴朗日子里，洛杉矶城市上空就弥漫着淡淡的蓝色烟雾，让整座城市陷入朦胧，连太阳都难以被分辨。令人奇怪的是，这烟雾仿佛还有"魔法"——散发着刺鼻的气味，而且会让人眼红、流泪、头疼，更甚者还使人有灼烧感。由于烟雾的长期笼罩，哮喘、气管炎、咽喉炎、心脏病和一些过敏性疾病开始暴发，本就脆弱的人群，如老人、儿童、孕妇成为最大的受害者。

近些年，严重的大气污染事件越来越少。以北京为例，2022年，大气中$PM_{2.5}$的浓度降至30微克每立方米，比2013年下降了66.5%。虽然空气污染治理成效显著，但是未来我们依然需要继续优化经济结构，摒弃高能源、高投入和高污染的生产方式，寻找清洁能源，平衡经济发展和环境保护之间的关系。相信在未来，人体健康的"杀手"——大气污染会离我们远去！

(((知识小卡片

颗粒物 悬浮在空气中的固体和液体颗粒，如粉尘、烟尘、雾尘、化学烟雾等，因其粒径小，会对人体健康造成危害。我们常说的$PM_{2.5}$就是指颗粒物空气动力学中当量直径不超过2.5微米的细颗粒物。

冒险的探空之旅——探索高层大气

　　在地球大气低层，高度越高，温度越低，这是人类在早期登山时发现的。白居易写的诗"人间四月芳菲尽，山寺桃花始盛开"，也表明平原地区春天已经过去，而山里面温度低，桃花才开始盛开。温度计被发明以后，人们就可以在登山过程中通过测量来寻找温度随高度变化的规律。1783 年，瑞士登山家索绪尔在攀登阿尔卑斯山的最高峰勃朗峰时，通过不断测量温度，发现高度每升高 100 米，温度约降低 0.7 摄氏度，这是人类第一次通过定量测量发现温度随高度变化的规律。

人们一直想知道，距离地面很远的高层大气是什么样的？进入高层大气后会感觉越来越冷，还是越来越热？高层大气的成分是否和低层一样？可惜人类不会飞行，即使登上高峰，所能了解到的高层大气也非常有限。于是古人发明了不少可以飞上天空的设备，如风筝、孔明灯等，但是只有当可载人的热气球被发明出来之后，探索高空才成为可能。

1783年，法国造纸商孟格菲兄弟发明了热气球。当年，他们为法国国王、王后和宫廷大臣们进行热气球飞行表演，引起了巨大轰动。同年，他们还进行了首次载人飞行试验，一位勇敢的侯爵弗朗索瓦·洛朗和科学家弗朗索瓦·皮拉特雷·德罗齐尔，操作热气球飞行了25分钟，飞越了8.85千米的距离，跨过半个巴黎后稳稳降落。从此以后，人类终于可以摆脱地面的束缚，探索高空，并且越飞越高。

英国气象学家詹姆斯·格莱舍想要挑战人类升空的极限高度，探索更高层大气的属性。1862年9月5日，英国伦敦近郊秋风和煦、万里无云，英国热气球操作员亨利·葛士维驾驶着庞大的热气球缓缓上升。热气球的吊篮里，詹姆斯·格莱舍正忙着测量数据，他们此行的目的是测量高层大气的温度、气压和湿度，如果有可能，还想挑战人类乘坐热气球升空的极限高度。下午1时39分，热气球升到了距离地面约6400米的高度，气温早已降到冰点以下，约零下13.3摄氏度。10分钟后，热气球抵达约8000米处，温度降到约零下18.9摄氏度，在这一高度，格莱舍依然可以继续进行观测和记录。

随着热气球继续上升，空气越来越稀薄，温度也越来越低。下午 1 时 51 分，热气球抵达约 8450 米处，气压计读数从地面附近的 76 厘米降低到 27.4 厘米，格莱舍感觉视力有些模糊，而且十分寒冷，他尽力伸手去够酒瓶，想喝一口暖和一下身子，却发现手已经被冻僵了。他看了一眼气压计，读数为 24.8 厘米，此时高度已经达到约 9250 米了，他想挺直身体，却无法动弹，头垂向一边，他尽力抬头，头又垂向另一边，接着他整个人向后倒去。几分钟之后，格莱舍彻底陷入昏迷。

气球操作员葛士维发现格莱舍昏迷之后，努力想将热气球下降，然而他的双手也已经被冻僵，无法正常活动，眼看热气球还在继续上升，格莱舍在最后丧失意识之前，用牙齿拉动了控制气阀的绳子，释放了一部分气体，热气球才逐渐停止上升，并缓慢下降。在下降过程中，他们慢慢醒了过来。

他们随行带了 6 只鸽子，在上升过程中释放了 3 只（分别在 4828 米、6437 米和 7242 米高度），以便将观测到的数据带回地面。下降到 6437 米处又释放了一只。笼子里剩下的两只鸽子，其中一只已经死去，另一只在挣扎一段时间之后活了过来。

由于当时没有自动记录仪器，无法记录格莱舍在昏迷之后所处的高度和温度。根据事后葛士维对气压计读数的记忆来推断，他们很有可能升到了距离地面约 11 千米的高度。如果当时能够一直记录数据，他们可能会发现大气层在这一高度的温度变化规律。

19 世纪末期，科学家发明了探空气球，可以向这种气球中填充氢气、氦气、氨气或甲烷。为了避免气球在上升过程中因过度膨胀而爆炸，探空气球被设计成可以不断漏气的模式。探空气球携带仪器上升，上升过程中，由仪器自动记录大气的温度、压强、湿度等，上升到一定高度后，探空气球会因漏气而下降。科学家将探空气球回收后，就能得到完整的大气数据记录。

1902 年 4 月 28 日，法国科学家波尔宣布了他们的研究成果：基于过去 10 年的 200 多次探空观测资料，他们发现距地面 8~13 千米处的大气温度基本保持稳定，并不随高度增加而降低。同年 5 月 1 日，德国科学家理查德·阿斯曼也公布了他的研究成果：在距地面 10~15 千米处有温度随高度增加而逐渐升高的区域。至此，科学家发现了一个和低层大气完全不同的大气层，在这个层次，温度并不随高度增加而降低，而是升高。波尔把这个大气层称作平流层，把平流层底下的大气层称作对流层。

随着科技的飞速发展，人们对大气有了更多的探测手段，目前气象专用的探空仪最高可以飞到距地面约 50 千米的高度，那里的气压不及地面附近气压的千分之一，大气密度也仅有地面附近大气密度的千分之一左右。利用探测高空气象的专用火箭，还可以把探空仪送到 140 千米以上的高空，探空仪自带降落伞，可以在落回地面的过程中持续测量大气的温度、压强、湿度等数据。

时至今日，气象卫星已经成为大气探测的主力军。气象卫星主要分为极轨气象卫星和静止气象卫星两种。极轨气象卫星围绕地球南北两极运行，其轨道在地球上空 650 ～ 1500 千米高处。静止气象卫星位于赤道上空，距地面约 3.6 万千米，可以实现大范围持续性的观测，它绕地球运行的角速度与地球自转的角速度相同，从地面上看，它好像是静止的。卫星站得高、看得远，可以探测全球大气参数及变化，科学家们再也不需要冒着生命危险去探测高层大气了。

(((**知识小卡片**

温度 表示物质冷热程度的物理量，其本质是表示构成物质的分子、原子等粒子热运动的剧烈程度，粒子运动越剧烈，物质温度越高。度量物质温度高低的标准叫作温标，国际上常用的温标有摄氏温标（℃）、华氏温标（℉）和开尔文温标（K）。

像三明治一样的大气层

地球大气虽然是一个整体，但其从下到上各个区域的属性各不相同，按照不同的标准，大气可以分为若干个层次。一般以温度变化为分层标准，将地球大气分为对流层、平流层、中间层、热层和散逸层，共5层。常见的雨、雪、雷、电发生在哪一层？飞机在哪一层飞行？极光发生在哪里？绕地球飞行的空间站和卫星所处的区域有大气吗？这些问题的答案都可以在本节中找到。

600千米以上的空间是散逸层，又被称作"外层"或者"逃逸层"，这是地球大气向宇宙空间过渡的区域。由于温度高，大气粒子运动速度很快，又因距地面较远，地心引力较小，所以这一层的主要特点是大气粒子经常散逸至星际空间。散逸层的上界一般以大气粒子受地球引力束缚的范围来定，据科学家推测，约为10000千米。

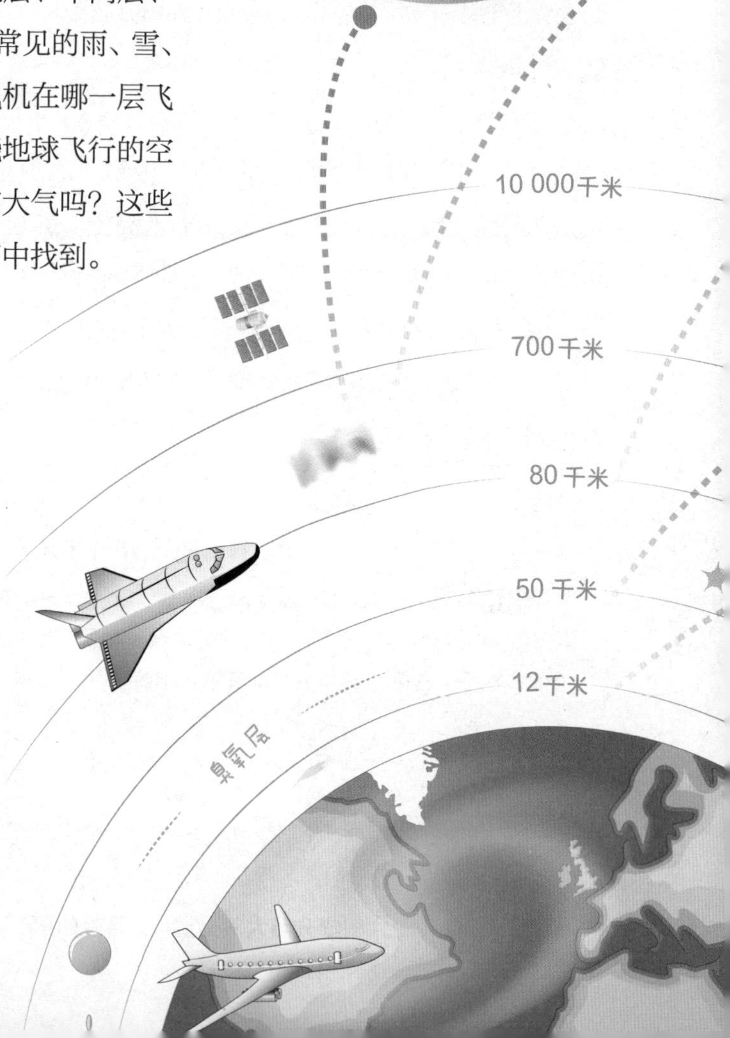

10 000千米

700千米

80千米

50千米

12千米

中间层以上到约 600 千米处是**热层**，热层里空气非常稀薄。在 270 千米以上，大气密度约为地面的百亿分之一，在 300 千米以上，大气密度只及地面的千亿分之一。在地球表面附近，分子和原子频繁地与其他分子或原子发生碰撞，一个原子或分子平均每秒要发生 7.3×10^9 次碰撞，到了约 600 千米处的高空，分子或原子的碰撞频率大大降低，每分钟才会碰撞一次。

中间层是指自平流层顶到约 85 千米处的大气层，该层大气中的臭氧量较低，大气吸收的热量赶不上向外辐射损失的热量，所以气温随高度增加而迅速降低，中间层顶附近气温可降至零下 110 摄氏度。这一层，因为温度下高上低，所以也不稳定，空气的垂直对流比较强，但是又因为中间层空气干燥，水汽含量非常少，所以并不能像对流层那样成云致雨，形成天气现象。

从对流层顶到约 50 千米处为**平流层**。平流层里的温度随高度增加逐渐升高，与对流层正好相反，这就形成了下面冷、上面热的温度分布。这是一种非常稳定的状态，这一层的空气很少进行垂直运动，主要以水平运动为主，因此叫作平流层。这一层非常适合飞机飞行，不易导致飞机上下颠簸，目前的商业飞机和高空侦察机等都主要在平流层低层和对流层高层飞行。

对流层是最接近地球表面的一层大气，平均厚度约为 11 千米，也是大气密度最大的一层。大气质量占整个大气质量的 75%，几乎所有的水蒸气及杂质都在这一层。由于对流层大气的热源在地面，因此距离地面越近，温度越高；距离地面越远，温度越低。高度每升高 1000 米，温度约降低 6.5 摄氏度。登山的时候，我们就能够体会到温度随高度的变化，随着高度越来越高，山上的温度也会越来越低。

平流层 尽管平流层里天气现象较少，但是在高纬度地区20～30千米的高空，有时也会出现一种色彩绚丽、薄而纤细的罕见云彩，其色彩排列如虹，因类似贝壳内常见的彩色光影而被称作"贝母云"。这种云主要由直径在5微米以下的过冷却水或冰晶组成，只在大气气温最低的地方形成，大约是两极上空约25千米高的平流层，所以也被称作"极区平流层云"。

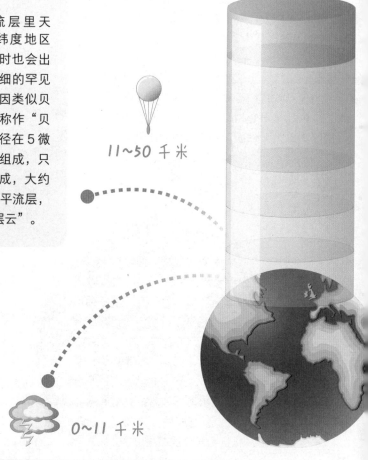

11～50 千米

0～11 千米

对流层 对流层顶的位置随季节和纬度的变化而变化，一般而言，对流层顶夏天高、冬天低，低纬度地区对流层顶高，高纬度地区对流层顶低。在低纬度地区，对流层顶的平均高度约17~18千米，在中纬度地区约10~12千米，在极地地区约8~9千米。在中纬度地区，夏季的对流层也可以达到15~16千米。

很多人认为地球大气的热量来自太阳，地球大气是被从上到下加热的，实际情况并非如此。太阳辐射穿过整个大气层直接加热地面，地面的温度升高后，发出长波辐射，逐渐加热地球大气。

在对流层里，因为随着高度增加，温度逐渐降低，所以大气中形成了下面热、上面冷的温度分布，这种状态是不稳定的。因为低层大气受热膨胀，容易发展出向上的对流运动，当对流运动特别强的时候，还容易形成打雷、闪电、刮风、下雨等天气现象，所以我们身边的天气现象主要发生在对流层。

600~1000 千米

散逸层 风云三号系列卫星是我国第二代极轨气象卫星，绕着地球南北极飞行，所在轨道为距地球约 900 千米的椭圆形极地轨道，搭载多种遥感仪器，可以从紫外线、可见光、红外线和微波频段对地球大气进行三维全天候观测。风云三号系列卫星所处的高度就在散逸层，会受稀薄的空气粒子的影响，所以需要经常对其进行变轨操作。

85~600 千米

热层 我国"天宫"空间站的轨道高度为 400 千米，就处于地球的热层之中。热层里，在太阳紫外线和宇宙射线的作用下，氧分子和氮分子被分解为原子，氧原子和氮原子吸收太阳光中波长极短的紫外线辐射，这个波段的紫外线能量强，会导致氧原子和氮原子被激发，动能增大。原子或分子的平均动能越大，它们的温度就越高，因此，在热层里大气温度上升很快，最高层的温度可以达到 1000 摄氏度以上。

极光主要发生在热层里，来自太阳的带电粒子流（太阳风）被地球磁场引导到南北两极附近的高空，与高层大气中的原子碰撞，形成发光现象。

50~85 千米

中间层 中间层天气现象极少，但是在特殊条件下，也能形成一种罕见的云——夜光云，这种云距地面的高度一般在 80 千米左右，主要出现在高纬度地区的夏季。夜光云常呈淡蓝色或银灰色，看起来有点像卷云，但比卷云薄得多。形成夜光云的冰晶非常细小，冰晶粒子的直径最大为 100 纳米，远低于发丝的直径。如此细小的冰晶，只有在合适的太阳光照射下才可见，这就要求地面低层进入黑夜，整个夜空背景为黑色，阳光照亮高层云层，才能形成可见的夜光云。

　　尽管大气热层和散逸层空间范围很大，但它们的质量只占大气总质量的 0.0001%，地球大气的绝大多数质量都集中在对流层。近地面 5.5 千米以下的大气层就占据了地球大气一半的质量，和地球平均半径 6371 千米相比，这层致密的大气层非常薄。

飞机一般在哪个大气层飞行

　　飞机在云层较少的平流层中飞行时空气摩擦对其影响较小，但是你有没有想过，既然高度越高，空气密度越低，摩擦阻力越小，那飞机为什么不飞得再高一点儿呢？

　　首先，对飞行安全影响最大的是各种极端天气，如电闪雷鸣、狂风暴雨等，这些天气主要发生在距离地面最近的对流层里，飞行过程中遇到的颠簸现象就多发生在这一层。飞机飞行中有时还会遇到一种叫作"晴空湍流"的危险天气，明明万里无云，飞机却突然急速颠簸，严重时，飞机可能会短暂失控，这种现象大多发生在不同速度、方向或温度的气流相遇之处。在平流层里，空气以水平运动为主，而且水汽少，所以很少发生天气变化，最有利于飞机飞行。

其次，影响飞行安全的是飞机的能耗。我们骑自行车时，会感到迎面而来的一股风在"阻止"我们向前，这个神秘的、看不见的力量，就是摩擦阻力。当飞机穿梭在天际时，气流流过机体，空气与飞机表面发生摩擦，气流的流动受到阻滞，就会反过来给飞机"加压"，飞机就受到了来自空气的摩擦阻力，空气的摩擦阻力大小与空气密度有关，空气密度越大，摩擦阻力就越大，飞机克服摩擦阻力所需的能耗就越大。而且飞机飞得越高，空气越稀薄，受到的摩擦阻力也越小。

飞机并不是飞得越高越好，每种飞机都有自己的"安全飞行高度"，这主要由发动机的性能决定。发动机工作时，将空气吸入，使其与燃油混合，然后点火，燃油燃烧，形成高温、高压的气体，并向后喷出，产生的反作用力推动飞机向前飞行。然而，当空气过于稀薄时，发动机就无法吸入足够多的空气，推动飞机向前的力将大大减少，这可能会导致空难的发生。理论上，随着飞行高度的增加，空气会越来越稀薄，即使是最先进的发动机，也一定会在某一个高度再也无法正常工作。

再次，要把这么重的飞机升上天，需要有强大的升力。飞机机翼一般为流线型，前端圆润，后端尖锐，上表面拱起，呈弧形，而下表面比较平，因此当气流经过机翼时，机翼上下空气的流动速度会产生差异：上表面呈弧形，空气要走的路程长，空气流动速度快；下表面平直，空气流动速度较慢。根据伯努利原理，空气流动速度快，压强就小；空气流动速度慢，压强就大。这样就会对飞机产生向上的升力，当升力超过飞机的重力时，飞机就飞起来了。影响飞机升力的因素除了飞机的形状，还有空气的密度。同一架飞机以同样的速度飞行时，在稠密的大气中飞行，受到的升力较大；而在稀薄的大气中飞行，受到的升力较小，因此，当飞机飞到一定的高度时，随着空气密度的逐渐降低，升力逐渐下降，直至无法与飞机的重力抗衡，就达到了飞机的飞行高度上限。

因此，飞机飞行时一般都选择避开天气多变和空气稠密的对流层，将巡航高度定在对流层顶和平流层低层之间。

以飞行安全、舒适和经济为原则，一般客机在大约 11～12 千米高度飞行，性能先进的战斗机可以飞到 2 万米高度。为了保障飞行安全，避免意外的发生，飞机需要时刻与地面保持联系。人们在飞机与地面之间建立了一套通信系统：无线电、雷达通信和数据传输。当飞机飞得太高时，其与地面的通信可能会受到影响。另外，一旦在飞行过程中遭遇恶劣天气或突发意外，飞行员会想办法尽快返回地面来确保安全，若飞得太高，则飞机需要更长的时间才能返回地面，这无疑会带来极大的安全风险隐患。此外，机舱内的氧气并不是以"空气罐"的形式储存在机舱内的，而是通过发动机不停地运转，带动空气压缩机不断吸入外面的空气，并输入机舱内，从而使在万米之上的乘客也能呼吸到氧气。但是飞得过高，空气会更加稀薄，氧气会变得非常少，一旦发生意外，机舱内的人可能会面临缺氧，这是极度危险的。

总的来说，飞机目前的飞行高度是经过严密的科学计算的。未来飞机如何发展，我们究竟能否乘着新一代飞机飞向太空，依然是一个未知数。

(((知识小卡片)))

空气密度　在一定的温度和压力下，单位体积的空气所具有的质量。在标准条件下（国际通用标准：0摄氏度，1个标准大气压），空气密度约为1.29千克每立方米。

摩擦阻力　当两个物体相互滑动时，在这两个物体上会产生与运动方向相反的力，阻止两个物体的运动，这就是物体之间的摩擦阻力。

探秘天空

美丽的天空总是让人着迷，比如湛蓝的天空、绚烂的朝霞和晚霞、多变的晕和华、神奇的海市蜃楼、梦幻般的极光，还有变化多端的云，这些现象都来自地球大气层的神奇"魔法"，了解这些"魔法"背后的秘密，你会更加感叹自然的神奇与美丽。

天空为什么通常是蓝色的

当你抬头看见蓝色的天空时，有没有想过：天空为什么是蓝色的呢？

我们在正午抬头看太阳时，看到的是非常刺眼的白光。然而，太阳光其实是一种混合光，包含着丰富的色彩。让太阳光穿过三棱镜，就可以把太阳光分解开来，产生红、橙、黄、绿、青、蓝、紫7种颜色的光。彩虹的形成原理与此类似：雨后的空气中悬浮着大量的小水滴，太阳光遇到空气中的小水滴，发生折射，被分解开来。在适当的位置，我们就能看见七色彩虹。

著名科学家牛顿最早做了光的折射实验。1666年，牛顿在一间暗室里，让太阳光从窗帘上的一个小洞射进来并穿过三棱镜。太阳光经过三棱镜的两次折射后，其光束在对面的墙上分解，形成了彩带。这条彩带其实是一道连续的光谱，牛顿最初把这条彩带分为11种颜色，后来改成7种，即红、橙、黄、绿、青、蓝、紫，这就是七彩色的来源。如果在三棱镜后放一个凸透镜，把所有的光汇聚到一起，在焦点处会发现有颜色的光都消失了，只能看到白光。这个实验表明，白光不是纯的没有颜色的光，它是由不同颜色的单色光组合而成的。

太阳光是一种电磁波，包含各种颜色的光，这些光除了颜色不同，波长也不同，从红光到紫光，波长越来越短。七

小实验

向盛有水的透明的瓶子中加入少许牛奶，将水和牛奶混合均匀，然后用手电筒照射，透过瓶子你看到的是什么颜色呢？

因为水中加入的牛奶散射了入射光中的蓝色光线，所以从侧面看，水呈现蓝色，而迎着光线看，水呈现橙红色，因为蓝光被散射到其他方向了。

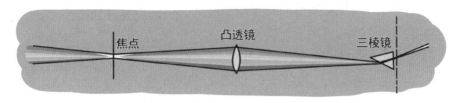

●光线穿过三棱镜后，再通过凸透镜汇聚，在焦点处呈现白色。

彩光可以被肉眼看到，所以我们称之为可见光（人眼能感知的电磁波的波长范围为380～750纳米）。还有一些肉眼看不见的太阳光，例如，波长比紫光短的太阳光，包含紫外线、X射线、伽马射线等。波长比红光长的太阳光我们也看不见，如红外线和无线电波等，使用专业仪器才能检测到。

19世纪中叶，英国物理学家约翰·丁达尔发现，当一束光穿过透明的溶胶时，会在溶胶里形成一条明亮的光路，这就是丁达尔效应，这是光线遇到溶胶，发生散射而形成的。丁达尔效应可以用来解释很多精彩的大气光现象，例如，当一束阳光从云的间隙中穿过时，会形成一道透过云层的光路，被称为云隙光，这是太阳光穿过有小水滴和尘埃的大气时发生的散射现象。

丁达尔用这种理论来解释天空为什么是蓝色的。他认为大气中存在许多微粒，如水滴、冰晶、尘埃等，太阳光穿过大气时，波长较短的蓝光容易被悬浮在空气中的微粒阻挡，从而散射向四方，所以天空看起来是蓝色的。但是这个理论存在一些问题，例如，海洋和沙漠上层的大气中，水滴和冰晶的数量有很大差别，但是这两个地方的天空却一样蓝。再如，在同一个地区，空气的湿度经常发生变化，但是天空的颜色并没有随之变化。

19世纪末，英国物理学家瑞利发现，大气中的氧和氮等分子本身就对太阳光有散射作用，根本不必借助水滴、冰晶、尘埃等微粒，同时他也发现蓝光容易被散射。1871年，瑞利通过反复计算，提出了光线的散射公式，后来被称为瑞利散射公式。瑞利发现，当粒子的直径远小于入射光的波长（小于波长的十分之一）时，

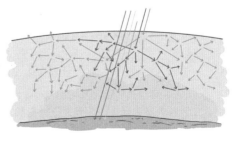

光线会被粒子向各个方向散射开来，波长越短的光，越容易被散射，波长越长的光，越不容易被散射。瑞利认为大气中的氧和氮等分子直径小，不受约束，可以随机分布，且分子之间相互独立，互不干涉，将太阳光向各个方向散射，从此瑞利散射成为"天蓝"理论的主流。

可见光波长范围	
不同颜色的光	波长
紫光	380~450 纳米
蓝光	450~475 纳米
青光	475~495 纳米
绿光	495~570 纳米
黄光	570~590 纳米
橙光	590~620 纳米
红光	620~750 纳米

按照红、橙、黄、绿、青、蓝、紫的顺序，从红光到紫光，光线的波长越来越短，红光波长最长，最不容易被散射。波长最短的是蓝光和紫光，最容易被散射，因此本来沿着直线传播的蓝光和紫光，在大气中传播时就会射向各个方向。

当我们从低海拔地区到高海拔地区时，会看到天空的颜色由蔚蓝色变为青色或藏蓝色，这是因为蓝光中混入了越来越多的紫光，紫光比蓝光更容易被散射。到平流层以上，空气密度会随高度急剧降低，大气分子的散射效应相应减弱，天空便会由蓝黑色逐渐变成黑色。在宇宙空间里，因为缺乏大气的散射，所以天空看起来是黑色的。在低海拔地区，或在水汽比较充足的南方，空气密度较大，会有更多的太阳光发生散射，这时，天空就不是那么蓝了，也不那么透亮，像蒙着一层纱一样。

天空呈现蓝色，也和人眼的感光功能有关。人眼对太阳光谱的中间波段更为敏感，这个波段的太阳辐射能量最强，尽管紫光和蓝光同时被散射，但蓝光更靠近太阳光谱的中段，因此人眼对其更为敏感。另外，蓝光的辐射总能量远高于紫光，蓝光同时满足散射强和辐射能量大两个条件，所以我们看到的天空主要呈现蓝色。

(((知识小卡片

散射 光穿过不均匀介质时，一部分光会偏离原方向进行传播。偏离原方向的光称为散射光，太阳光经过空气和水时都会发生散射现象。

美轮美奂的朝霞和晚霞

与沉静的蓝天不同，朝霞和晚霞旖旎多姿，仿佛是铺在空中的美丽锦缎。

我们总是惊叹于朝霞和晚霞的绚烂，古人还为朝霞和晚霞留下了很多不朽的诗句，如"余霞散成绮，澄江静如练""雨后烟景绿，晴天散馀霞""朝辞白帝彩云间，千里江陵一日还""夕照红于烧，晴空碧胜蓝"。然而我们在中午看向太阳的时候，刺眼的白光却常常照得我们睁不开眼。为什么太阳在早晨和傍晚是红色的，在中午是白色的？

中午，太阳高度角比较大，太阳光穿过大气层时，遇到大气中的粒子，发生瑞利散射。因为蓝光比红光波长短，蓝光瑞利散射较强，几乎布满了整个天空，从而使天空呈现蓝色。太阳本身及其周围呈现白色或黄色，是因为此时我们看到的更多是直射光而不是散射光，直射光中各种颜色的光并未被大量散射，依然是波长较长的红光、橙光、黄光、绿光与波长较短的蓝光和紫光的混合，所以太阳本身及其周围的颜色（白色）基本不变。

早晨或者傍晚，太阳位于我们视线的前方，太阳光沿着一条长长的斜线穿过大气层，路程大大增加，而路程越长，散射过程就越长。在这一过程中，波长较短的紫光和蓝光大部分都被散射了，光线的主要成分只剩下波长最长的橙光和红光，此时我们直视太阳，会发现太阳及其附近呈现橙红色，而天上的云彩因为被橙光和红光所照亮，也呈现橙红色。

由于地球表面有弧度，又因为低层大气的密度远高于高层，因此在早晨和傍晚，当太阳光穿过大气层时，还会发生折射。我们肉眼看见太阳接近地面时，其实太阳已处于地面以下，这就使得太阳穿过大气层的路径变得更长，在这一过程中，各种颜色的光都被大气分子大量散射。据估算，太阳光在早晨和傍晚穿过大气层时，蓝光损失 99% 以上，绿光损失 94% 以上，红光仅损失不到 60%，因此到达我们眼中的太阳光几乎全是红光，太阳看起来几乎是纯红色的。

不同颜色的光	散射掉的光线比例	
	太阳在头顶	太阳在地平线
蓝光	18.00%	99.70%
绿光	9.00%	94.10%
红光	3.00%	59.90%

有时天空的朝霞和晚霞异常绚烂，像燃烧的火焰，这往往发生在天气系统刚刚结束或正要形成时。此时，空气中含有大量细小的水汽、冰晶、烟尘等微粒，太阳光穿过这些微粒时更容易发生散射，短波光线被散射得更彻底，到达我们眼里的光基本只剩下红光了。这并不是太阳光和太阳本身发生了变化，而是大气层自身变的"魔术"。

月球上没有大气层，因此当太阳光照射在月球上时，不会发生瑞利散射。白天，月球的天空看起来完全是黑色的。登陆月球的阿波罗宇航员已经用他们拍的照片印证了这一点。又因为月球上没有大气层对光线的散射，所以太阳看起来更白、更明亮。另外，地球上因为有大气对光线的散射作用，所以人们看到的远处物体是比较朦胧的，而月球上没有大气，远处的物体和近处的物体看起来一样清晰，这会影响宇航员对远近的判断。

夕阳西下时，天空偶尔会出现"绿闪"现象，即日落瞬间，太阳的边缘呈现绿色，这种现象一般只能维持几秒钟到几分钟，是一种更为罕见的大气光学现象。不同波长的光在大气中传播时折射率不同，所以其在大气中传播的路径也不同。波长较长的红光和橙光的折射程度不及波长较短的蓝光和绿光，蓝光和绿光的光线比红光和橙光的更为弯曲，所以逆着太阳光看过去，绿光和蓝光在红光的上面。因此，日落时，太阳底部边缘呈现红色，以上依次呈现橙色、黄色、绿色、青色和蓝色，蓝光和青光在大气中传输时衰减得非常严重，太阳上边缘部分的蓝光很难被看到，而与之接近的绿光就更容易被观测到了。

● 2017年12月24日，本书作者在美国圣地亚哥拍摄到的绿闪现象。

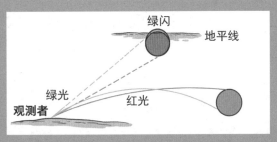

● "绿闪"现象发生时，波长较短的绿光被折射得较严重，到达观测者的光线角度较大。因此在观测者看来，"绿闪"出现在太阳的顶部。

在合适的条件下，如大气温度出现逆温，也就是地面表层气温低于上层气温时，"绿闪"会更耀眼。要想看到这种天气现象，需要在视野开阔的地方（如一望无垠的海边或高山上）进行观察，当然，这还需要我们热爱观察，善于观察。

(((知识小卡片

折射 当光线从一种透明介质斜射入另一种透明介质时，或者当光线在同一种介质中通过折射率不同的部分时，传播方向一般会发生变化，这种现象叫光的折射。雨后，太阳光经过悬浮在空气中的小水滴的折射，会形成漂亮的彩虹。

七彩祥云——晕与华

除了挂在天边弯弯的彩虹，太阳和月亮周围还会经常出现圆圆的光圈，与半圆形的彩虹相比，这些光圈的形状更完整。不过它们的颜色基本都在红色和紫色间过渡，有时外红内紫，有时外紫内红。这些光圈是怎么形成的？它们有什么区别？它们的颜色为什么会这样分布呢？

这些大自然的美妙画面，"画笔"就是常见的云，本质上是大气中的光学现象。

我们总能看到形态各异的云在天空中飘着，它们的步伐或快或慢，看上去悠闲又自在。然而，云的内部并不像其表面看上去那样平静安然，其中有许许多多的小冰晶和小水滴，它们活泼好动，四处乱跑，一刻也不停歇。小冰晶和小水滴时而手牵手抱成一团，变成稍大的冰晶和水滴，过一会儿又各自分散。

5千米以上的高空中经常飘着一种云，它们没有厚重的身体和清晰的轮廓，就像铺在天空中的一层轻盈的薄纱，这就是卷层云，晕主要出现在卷层云里，在其他云里比较少见。

小实验

在桌子上放一张白纸，将一面三棱镜放在太阳光下，调节三棱镜的高度和角度，使太阳光穿过三棱镜，将光带投射到白纸上。先观察光带的颜色分布，然后进一步调整三棱镜的高度和角度，观察光带颜色的变化。

🌑 日晕

高层大气的温度很低，所以卷层云内部以冰晶为主，冰晶的形状和六棱柱相似。当太阳光穿过冰晶时会发生折射，不同颜色的光偏折程度不同，波长最短的紫光偏折程度最大，波长最长的

▲ 日晕

红光偏折程度最小。卷层云中有许许多多均匀排列的冰晶，在太阳周围，与太阳中心距离相同的冰晶会将同一种颜色的光折射到我们眼中，于是我们就会看到太阳周围有内红外紫的彩色光圈，这就是日晕，也被称作日枷。彩色光圈就叫晕圈。

日晕半径的视角通常是 22 度，太阳光从小冰晶的一个侧面进入，经过两次折射后从另一个侧面出来，出射光线与入射光线的偏角约为 22 度，此时我们看到的就是 22 度晕。伸出手臂，伸直五指，大拇指与小指的夹角就接近 22 度，所以当大拇指对准太阳的时候，小指就在晕圈的位置。下次看到日晕，试着伸出手测量一下它的大小吧。不过千万不要长时间盯着太阳看，可能会被阳光灼伤眼睛。

另外，还有半径视角为 46 度的日晕，不过这种日晕比较少见。太阳光从云层中的冰晶顶部进入，从侧面射出，在此过程中，经过两次折射，出射光线与入射光线的偏角约为 46 度，从而形成 46 度晕。还有 9 度晕、

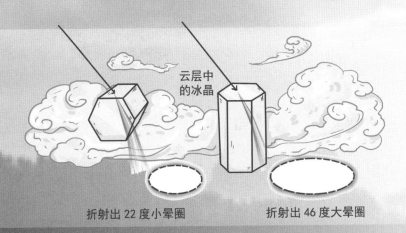

云层中的冰晶

折射出 22 度小晕圈　　　　折射出 46 度大晕圈

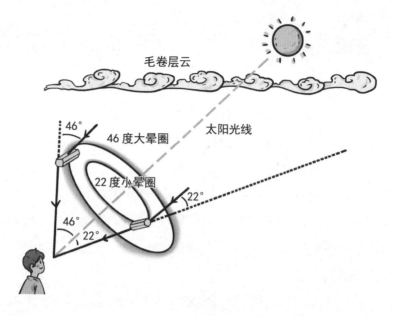

毛卷层云

太阳光线

46°

46 度大晕圈

22 度小晕圈

22°

46°

22°

18 度晕、20 度晕、23 度晕、24 度晕、45 度晕，只是这些日晕都比较罕见，在它们出现时，我们需要仔细辨别。晕的种类、形状是多变的，有时会出现多个光圈、光弧和光点，这是因为高空中冰晶形状多样，常见的有板状、柱状、锥状、帽状等，同时，它们在空中排列形式不同，就会折射出不同效果的光晕。

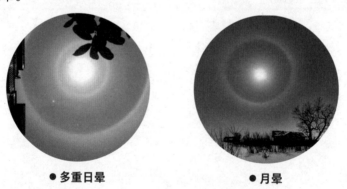

●多重日晕

●月晕

云层中冰晶越多，晕圈就越显著，越容易被人看到。其实晕比彩虹更常见。在云比较多的季节，平均每周会出现 1 ~ 2 次日晕，如果你从来没见过日晕，以后可以在白天多看看天空。在夜晚时分仰望星空，也可能会看到月亮周围环绕着一层淡淡的光圈，这就是月晕。

当大气中悬浮着许多冰晶时，随着冰晶形状的变化，太阳光会发生规律性的折射现象，从而产生复杂的光弧、光柱、光斑和珥状点等。那些明亮的光斑看起来就像是好几个太阳，产生两日同辉、三日同辉、四日同辉，甚至五日同辉的现象，这些亮点被称作幻日，这也是一种大气光学现象。

日华

除了散射和折射，光在传播过程中还经常发生衍射。光的衍射是指光在遇到障碍物时，偏离直线传播的路径而绕到障碍物后面传播的现象。光的衍射可以产生明暗相间的条纹或者光环。

●日华

在卷层云下方2~5千米处的高空中住着庞大的中云家族，其中积云的形态最为多变。当太阳附近有积云时，太阳光穿过其中，遇到微小的水滴或冰晶时会绕道而行，在太阳周围形成彩色的光环，这就是日华。有时太阳光太耀眼，不容易看到日华，反而在柔和的月光下更容易看到紧贴着月亮的内紫外红的华环。月华颜色柔和，为月光增添了一份朦胧之美。春

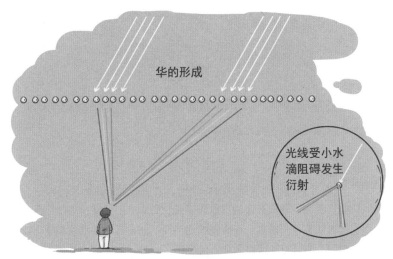

华的形成

光线受小水滴阻碍发生衍射

●光线受小水滴阻碍发生衍射。光的波长越长，衍射角度越大，所以红光衍射范围更大。

季，当大气中有大量飞散的花粉时，也能引起日华现象，被称作花粉日华，其形成原理与日华的形成原理类似。

从最接近太阳的红色光圈开始数，一圈算一层，层数越多的日华越罕见，目前世界上肉眼可见的层数最多的日华有5层。日华的形状、大小与水滴、冰晶紧密相关，水滴和冰晶越小，华环的半径就越大。民间有谚语"大华晴，小华雨"，若华环变小，说明云内部的小水滴和冰晶在变大，云层随之变厚，容易变成阴雨天。若云中水滴和冰晶的大小不均匀，华的形状也可能变得不再纯圆，所以百变积云有可能导致百变华环，符合我们对"七彩祥云"的幻想。

其实天空中"七彩祥云"的种类非常多，除了晕和华，还有环天顶弧、幻日环、幻日、日柱等现象。但是由于成因的差异，它们属于不同的大气光现象。

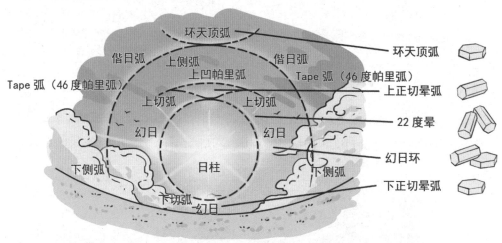

如果你在天空中看到了绮丽多姿的彩带，在拍照留念之余别忘了查一下资料，说不定是遇到了罕见的天象呢！

))) 知识小卡片

衍射 光在传播过程中，遇到障碍物时，偏离原本沿直线传播的路径而绕到障碍物后面进行传播的现象。光的衍射和障碍物的大小有关，当障碍物远远大于光的波长时，衍射效应很不明显，当障碍物逐渐变小时，衍射效应逐渐变得明显，从远处看，会看到亮暗分布的衍射图样。

海市蜃楼是怎么形成的

小实验

准备一个纸杯，在杯内底部中间用笔做个标识，如写个字或画一朵小花，然后把杯子放在桌子上，移动杯子，直到刚好看不见标识。接着向杯中慢慢加入清水，这时你会发现杯底的标识重新出现了，这是什么原理呢？

小实验表明，受水的影响，本来沿直线传播的光线发生了折射，反射杯底标识的光线进入人眼，使人看见标识。光线的折射可以形成日晕、月晕、彩虹，还能形成一种神奇的现象——海市蜃楼。

海市蜃楼一词出自《史记·天官书》，"海旁蜃气像楼台，广野气成宫阙然"。"蜃"是一种形似大牡蛎的蛟龙，它吐出的气可以形成楼台城郭的幻象，因而得名。春夏时节我国山东蓬莱海面上常出现这种幻景。古人曾把蜃景看成仙境，认为蜃景里住着长生不老的神仙，秦始皇、汉武帝曾率人前往蓬莱寻访仙境，还多次派人去蓬莱寻求灵丹妙药。

事实上，海市蜃楼是因远处物体被折射而形成的幻象。大气层作为一种非均匀介质，当近地面大气被太阳加热后，大气层上下就会形成温度差异。当物体反射的光线进入大气层时，在大气层温度分界处会产生折射现象，由于我们习惯性地认为光线一直沿直线传播，所以会逆着光线寻找物体。于是我们会在物体反射线的反向延长线的交点上看到虚像，也就是海市蜃楼。由于受到折射率的影响，海市蜃楼的形成条件比较严苛，只要稍微调整一下观望的高度，海市蜃楼就会发生改变甚至消失。

在春夏之交，蓬莱沿海的海峡中涌动的海流将底层海水带出水面，使海水表面温度大大低于海面上的空气温度，海面上的空气形成了自下而上温度陡升、密度陡降的逆温现象。靠近海面的空气受海水的影响，温度较低，折射率较大，上方的空气因受日照影响而温度较高，折射率较小，所以海面上空大气层的折射率随高度增加而逐渐减小。在晴朗、无风或微风

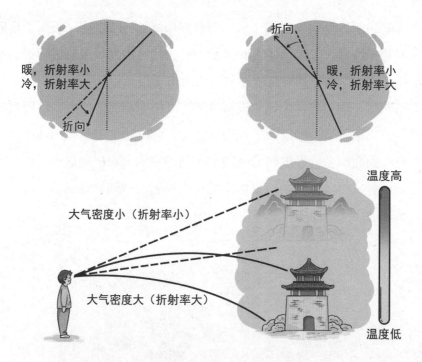

●上蜃景出现时，一般地表附近温度偏低，地面以上温度偏高，光线在传播中逐渐偏离直线，向折射率较大、温度较低的区域弯折。

的气象条件下，空气的折射率变化不连续，使得光线穿过折射率大的空气层顶时形成海市蜃楼现象，这种情况形成的蜃景一般为上蜃景，又称作上现蜃景。上蜃景都是正立的像，有时候在海上，蜃景里的岛屿看上去是浮在空中的，所以又称作浮岛现象。

　　光线在传播时，折射率大和气温偏低的区域像是有强大的"吸引力"一样，使光线的传播方向逐渐偏折，最终向冷空气区域传播。当光线不断向下偏折时，远方地平线处的楼宇等经过光线的折射进入观测者眼帘，便出现了上蜃景。

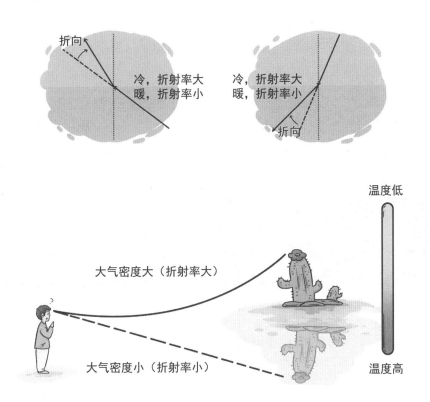

● 当远处较高物体反射出来的光从上层较密空气进入下层较疏空气时，被不断折射，其入射角逐渐增大。逆着反射光线看去，就会看到树和骆驼等景物，这时候的像一般是倒立的，我们称其为下蜃景或下现蜃景。之所以称为"下"，是因为看见的影像在真实物体的下方，真实物体是远方的物体和蓝天。

除了海上，在干旱的沙漠中也经常出现海市蜃楼。在晴朗少云、平静无风的天气里，阳光照射在干燥的沙土上，由于沙土几乎没有水分蒸发，比热小，土壤分子传热又极慢，因此热量集中在土壤的表层，地表温度上升极快，所以靠近土壤层的空气温度上升得也很快，但上层空气仍然很凉，这时就形成了底层空气温度高、密度小，上层空气温度低、密度大的分布，折射率随高度增加而逐渐增大。

沙漠中筋疲力尽的旅行者，有时候会看见远处有一片"蓝色的湖水"，当他们充满期望地向其奔赴时，却发现永远都到达不了，这片"蓝色的湖水"其实是蓝色天空在地面的下蜃景。在烈日的照射下，夏天的柏油马路或水泥广场上能看到漂浮不定的汽车、人、房屋及树木等的倒影，这其实也是一种下蜃景现象。

● 2015年10月，江西武宁县出现海市蜃楼。在延绵的山脉上方出现两栋高楼大厦，仿佛屹立在云端。这一海市蜃楼的景象持续了将近半个小时，直到天色逐渐变暗后才消失。

● 2015年，包头市东河区出现海市蜃楼，只见云雾中有建筑群，宛如空中楼阁，颇为壮观。

绚丽的极光是谁的杰作

太阳耀斑爆发、X 射线爆发，这些总在末日电影里出现的词语，不知你是不是很熟悉。但是，你知道吗？太阳活动对地球的影响，居然是从对电离层的作用开始的。那电离层到底是什么？它又是怎么影响我们的生活的呢？

2017 年 9 月 6 日，格林尼治时间 9 时 10 分，我国已经沐浴在落日的余晖下，而美国正是太阳初升。美国国家海洋和大气管理局的空间天气预报中心突然发出警告：X-2.2 级太阳耀斑突然爆发，包括加勒比海在内的大部分地区都将受到影响，无线电信号中断。

约三个小时后，12 时 02 分，另一次更强的 X-9.3 级耀斑爆发，这是有观测纪录以来最耀眼的耀斑。这突如其来的太阳耀斑事件导致地球上朝向太阳一侧区域的高频无线电通信大范围失灵，失灵时间长达 1 小时。据报道，法国民航与一架货机失去了 90 分钟的联系。美国用于航空、海事、渔业和其他应急波段的高频无线电长达 8 小时无法使用。

影响并未结束，9月10日，另一颗X级大耀斑爆发，使无线电通信中断了3个小时。在此后的5天内，太阳耀斑爆发了10多次。这也是2005年以来最强的一次太阳耀斑爆发活动。虽然地球有保护罩——磁场和大气两层"外衣"，能屏蔽大量来自太阳和银河系的高能粒子，即使出现较大的太阳风暴，公众也无须恐慌。但其对地球通信系统的破坏，我们别无他法。此次无线电通信中断，就与"悬在天空中的镜子"——电离层有关。

你可能会疑惑，大气不是分为对流层、平流层、中间层、热层和散逸层吗？为什么又多了一个电离层？其实，这跟大气层的划分标准有关。

前文的大气层主要依据大气温度随高度分布的特征来划分。而电离层，顾名思义，是指被电离的气体，是按照大气电离情况来划分的。人类生活的低层大气中，主要是中性大气（即不带电的大气），越往上走，中性大气就越少。在中高层大气中，部分大气吸收太阳辐射中的高能紫外线和X射线等，被电离成电子和离子，这个过程称为光电离，从而使大气处于电离状态。电离层的高度一般离地面60～500千米（和中间层、热层在同一高度），在约300千米处电子和离子浓度最大。这是因为在更高的层次，太阳辐射虽然强，但是空气密度低，可供电离的大气成分有限，所以电子和离子少；而在大气低层，虽然空气密度大，但是穿透大气的太阳高能紫外线和X射线很弱，所以能电离出的电子和离子也很少。

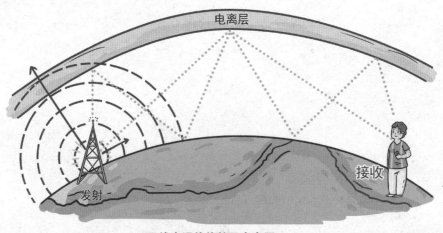

● 无线电通信依赖于电离层

按照电子密度的大小，电离层自下而上可分成 D 层（60 千米 ~ 90 千米）、E 层（90 千米 ~ 140 千米）和 F 层（140 千米 ~ 500 千米）。因为电离层的形成离不开太阳辐射，所以各层的高度、厚度和电子密度会

● 地球磁场

随太阳活动产生昼夜和季节变化。D 层和 E 层高度比较低，昼夜变化比较明显。D 层仅在白天出现；E 层白天的电子密度较大，夜间因为离子复合，电子密度下降；F 层在白天又可分为 F1 层和 F2 层，到晚上只剩下 F2 层。

从电离层再往上就是地球磁层，在面向太阳的一侧，地球磁层延伸到约 5.6 万千米，接近 10 个地球半径的高度，在背对太阳的一侧，拖出长长的磁尾。磁尾达数百万千米，约等于 1000 个地球半径，这已经把月球纳入其中了。

电离层有多重要？没有它，就没有远距离通信。广播电台发射的无线电波，通过电离层，就可以传到很远的距离。

电离层的发现，离不开科学家们长期的观察与实验。1901 年 12 月 12 日，意大利发明家伽利尔摩·马可尼进行了人类有史以来首次无线电通信实验。他安排人员在英国发射摩尔斯码的"S"，自己则在加拿大的圣约翰市指挥助手们用风筝把无线电接收天线带到约 150 米处高空，成功地接收到英国发来的信号。可是从英国到加拿大，两地跨越大西洋，相隔 4000 多千米，地球是圆的，向外发射的电波走直线，不会"拐弯"，按理来说地面无法接收到。1902 年，英国电子工程师奥利弗·亥维赛和阿瑟·肯内利由此猜测，天上有一面"镜子"，可以将无线电波反射回来。

英国物理学家爱德华·阿普尔顿为了进一步证明电离层的存在，开始不断发射无线电波，并不断改变发射频率和发射地点，记录反射的回波的频率和接收位置。通过他的不懈努力，证实了电离层的存在（电离层 E 层，

也被称作肯内利－亥维塞层），并确定了它的射电性质。1926 年，他又发现对短波有反射效应的电离层（电离层 F2 层，现在也被称为阿普尔顿电离层），为此他获得了 1947 年的诺贝尔物理学奖。

由此，人类迈开了无线电（短波）通信的重要一步。卫星定位技术、导航通信技术、雷达技术、灾害预报、空间天气预报等都有了长足进步。

当耀斑爆发时，来自太阳的高能粒子电离高层大气，引起电离层扰动，通过电离层传播的无线电波会突然衰减甚至中断，直接影响无线电通信和导航系统。

另外，在地球磁场的作用下，太阳风会涌向高纬度地区，使地球南北两极附近的高层大气中的分子或原子发生电离，从而激发出发光现象，这就是极光，其在夜间尤其灿烂夺目。极光变幻莫测，一般在入夜之后会像一条展开的银河，颜色较淡，随着夜色加深，色彩逐渐变浓、变绿，有时还会呈现粉色、蓝紫色和红色。极光的颜色通常与大气粒子的种类有关，太阳风激发高层（200 千米 ～ 500 千米）的氧原子时，一般会发红光，激发氮原子，一般会发蓝紫光；而到达低层（100 千米 ～ 200 千米）的太阳风激发氧原子，主要发绿光。人眼对绿光和白光更敏感，所以我们看到的极光主要是绿白色的。另外，我们看到极光变来变去，并不是因为高层大气在运动，而是因为太阳风在运动和变化。

太阳风暴虽然会影响无线电通信系统和导航系统，但也会带来绚烂的极光，算是一个意外收获。阿拉斯加的费尔班克斯，一年中有 200 多天会发生极光现象，因此被称为"北极光首都"。而冰岛由于整个国家都在极光带上，成为北半球最受欢迎的极光观测地点之一。

((• 知识小卡片

太阳风暴　太阳上的剧烈爆发活动及其在日地空间引发的一系列强烈扰动，包括太阳耀斑、太阳质子事件、太阳射电暴等。

极端天气与天气预报

地球是一颗宜居星球，但当天空"发怒"时，也会带来可怕的景象。呼啸的狂风、漫天的沙尘、轰鸣的雷电、恐怖的龙卷风、惊心动魄的暴雨，这些极端天气常常导致人员伤亡与重大经济损失，引发社会和经济秩序的混乱。幸运的是，我们正逐渐认识这些极端天气现象，天气预报和预警的准确性也越来越高。只有了解了它们的"脾气"，我们才能不惧风雨，更好地防灾减灾。

福祸相依的大风

风是常见的自然现象之一，也是最难以捉摸的：一时春风拂面、和风细雨；一时又寒风凛冽、风雨凄凄。从本质上讲，风是太阳能的一种转化形式。太阳辐射使得地球表面受热不均，进而引起大气层内的温度差异，空气便会沿着水平方向运动，形成风。所以只要存在空气的冷暖差异，风就不会停歇。

风级表

风力等级	风速（米/秒）	海面情况	地面情况
0	0 ~ 0.2	静。	静，烟直上。
1	0.3 ~ 1.5	渔船略觉摇动。	烟能表示风向，树叶略有摇动。
2	1.6 ~ 3.3	渔船张帆时，可以随风移动，每小时 2 ~ 3 千米。	人的脸感觉有风，树叶有微响，旗子开始飘动。
3	3.4 ~ 5.4	渔船渐觉簸动，随风移动，每小时 5 ~ 6 千米。	树叶和很细的树枝摇动不息，旗子展开。
4	5.5 ~ 7.9	渔船满帆时，船身向一侧倾斜。	能吹起地面上的灰尘和纸张，小树枝摇动。
5	8.0 ~ 10.7	渔船须缩帆（即收去帆的一部分）。	有叶的小树摇摆，内陆的水面有小波。
6	10.8 ~ 13.8	渔船须加倍缩帆，并注意风险。	大树枝摇动，电线呼呼有声，举伞困难。
7	13.9 ~ 17.1	渔船停留港中，在海面上的渔船应下锚。	全树摇动，迎风步行感觉不便。
8	17.2 ~ 20.7	近海的渔船都停靠在港内不出来。	折毁小树枝，迎风步行感到阻力很大。
9	20.8 ~ 24.4	机帆船航行困难。	烟囱顶部和平瓦移动，小房子被破坏。
10	24.5 ~ 28.4	机帆船航行很危险。	陆地上少见。能把树木拔起或把建筑物摧毁。
11	28.5 ~ 32.6	机帆船遇到这种风极危险。	陆地上很少见。有则必有严重灾害。
12	大于 32.6	海浪滔天。	陆地上绝少见。摧毁力极大。

古往今来，不少人通过风来表达自己的情感。例如，汉高祖刘邦用"大风起兮云飞扬"抒发自己的政治抱负。然而，当大风真正袭来时，可能会给人们带来巨大的危险。

2015年，"东方之星"号客轮遭遇大风，导致船上442人不幸遇难。经调查发现，此次特大灾难性事件是由突发的罕见强对流天气——下击暴流带来的强风暴雨所致，当时的最强风力达12级以上。

下击暴流就像是天上拧开的水龙头，冷空气由上而下倾泻到地面后四散开来，形成辐散状的直线型大风。在对流系统的下沉气流区中，下击暴流会形成具备强灾害性的大风，其最大强度等同于F3级龙卷风的威力（风速为250千米每小时）。其中，水平尺度小于4千米、持续时间为2～5分钟的下击暴流被称为微下击暴流，"微"只是指时空范围比较小，并不意味着强度小，有时候微下击暴流中的风速可能超过更大的下击暴流。下击暴流还可能伴随着中小尺度（影响范围较小，持续时间较短）的涡旋，同时可能引发龙卷风，导致更大的灾害。

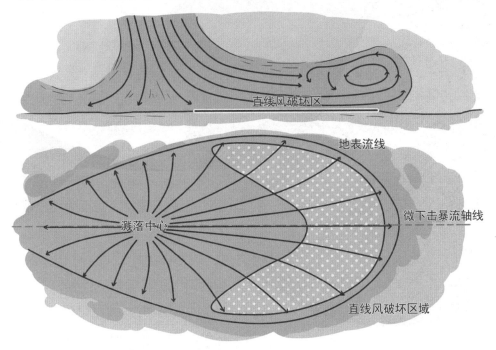

●下击暴流到达地面后的破坏区域示意图

下击暴流不仅对轮船航行有影响，还可能导致严重的航空事故。当飞机进入下击暴流外围气流时，如果飞机飞行方向与风向相反（逆风），机头会被抬起和拉升，导致飞机减速，容易引发失速事故。如果飞机在飞行中进入下击暴流区域，会被迫迅速降落，严重时会致使机毁人亡；如果飞机在下降阶段遭遇下击暴流，强劲的下沉气流同样会导致飞机迅速下降，使飞机在进入跑道前就接触地面而坠毁。

在陆地上，大风具有地方性强、各地差异大的特点，有的地区常年无风或风很小，如四川盆地。而有的地方一年中将近一半的时间都在刮大风，如我国新疆的"百里风区""三十里风区""烟墩风区""达坂城风区""阿拉山风口"等。在这些地区，超过 12 级的强风天气屡见不鲜。大风给生活在这里的人们带来诸多不便，例如，积沙埋道，甚至连风驰电掣的"钢铁巨龙"火车和满载货物的大卡车也能被吹翻。

除了气候地形背景下的长期大风天气，还有由短期天气系统如冷锋、雷暴、飑线等导致的短期大风天气。在对流风暴产生的灾害性天气现象中，地面大风出现的频率最高。强对流风暴产生的地面大风空间范围小，持续时间短，但破坏性强，容易造成严重的人员伤亡和财产损失。

尽管大风给我们的生产和生活带来了安

全隐患，但风也是一种资源。风力发电的优势明显，其清洁、环保、可再生且永不枯竭。开发并利用风力资源具有重要的经济价值和生态意义。目前，我国新疆的"百里风区""三十里风区"等地已成为开发风电和清洁能源的热门地区，高耸林立的风电机组正在将这些地区变成我国新能源的基地。

　　随着科学技术的进步，我们有更强的能力去应对多数常见的大风灾害天气。但是对于下击暴流、龙卷风等特殊的短时强风灾害天气，我们需要进一步发展观测技术和高分辨率数值预报，以提高对该类天气的预报能力。同时我们也应当学习面对风灾的自救知识，增强安全意识，能够认识并重视气象部门发布的大风预警信号，在大风天减少外出，保护自己的生命和财产安全。

知识小卡片

下击暴流　雷暴云中局部性的强下沉气流，到达地面后会形成一股直线型大风，越接近地面，风速越大，地面最大风力可达 15 级，属于突发性、局地性的小概率强对流天气。

飑线　由众多雷暴单体侧向排列而形成的强对流云带，宽度从几千米到几十千米不等，长度为几十到几百千米，持续时间为几小时至十几小时。飑线能量大，破坏力强，通常伴随雷暴、大风（或龙卷风）、冰雹等天气现象。

恐怖的龙卷风

2016 年 6 月，江苏盐城发生了一次龙卷风，当日天气骤变，雷电、冰雹、大风席卷而来，白天变得异常黑暗。硕大的漏斗云疯狂旋转，风声震耳欲聋，漏斗云所到之处电光闪烁、碎屑飞舞。这次龙卷风的强度接近最高级，风力已经"爆表"，据推测，风力超过了最强的 17 级。风速达到 73 米每秒，接近中国高铁的速度。

龙卷风发生的概率很低，但却是最剧烈和最具破坏性的天气现象之一。它的中心气压极低，将大气中潜在的、巨大的、不稳定的能量集中于一个细小的漏斗状涡管中，并不断释放，产生强烈的吸力和破坏力。

龙卷风的产生需要具备以下条件：不稳定的能量、风速切变和垂直运动。当大气中存在较强的上下风速切变时，即上下层风速差别较大时，会形成水平伸展的涡管，由于大气中存在垂直运动，在垂直运动分布不均的情况下，水

小实验

在装有四分之三水的杯子中加入几滴洗洁精，然后一只手拿着杯子，另一只手快速搅拌，我们会看到杯子里形成了一个类似龙卷风的旋涡。随后往水杯中放入一些小亮片，小亮片在旋涡中不断翻腾，毫无招架之力。

风速：15米/秒

风速：5米/秒

● 上下风切变，形成水平涡管

● 水平涡管倾斜

● 垂直的涡管向下伸展到
地面，形成龙卷风

平伸展的涡管会扭转成垂直的涡管，垂直的涡管从云中向下伸展到地面，就会形成我们看到的龙卷风。大气中不稳定的能量越强，风速切变越大，垂直运动越强，形成的龙卷风也就越强。

按照龙卷风的形态和所处环境，可将龙卷风分为多涡旋龙卷、陆龙卷、水龙卷、火龙卷等。多涡旋龙卷是包含多个涡旋的龙卷风，相当于多个龙卷风的"联合"，陆龙卷是指产生于陆地的龙卷风，水龙卷是指在水上形成的龙卷风，火龙卷是指涡旋与火焰相结合形成的龙卷风。

龙卷风的破坏力和龙卷风的强度相关，强度越强，破坏力越大。人们不用风速级别来界定龙卷风，而是根据其破坏程度推测其最强风力。"藤田级别"是一种用于度量龙卷风强度的标准，最初由芝加哥大学的藤田哲也博士在1971年提出。2007年，美国将"藤田级别"进行了更新，称为"增强藤田级别"，即EF-Scale。该标准将龙卷风强度分为EF0级至EF5级，共6个等级，其中EF0级别最低，EF2级及以上的龙卷风称为强龙卷。

根据2019年中国气象局发布的《龙卷强度等级》（QX/T 478—

● 多个龙卷风同时出现

2019）行业标准，参照美国的"增强藤田级别"，以龙卷风发生时近地面阵风风速最大值为指标，将龙卷风的强度分为四个等级。其中，一级龙卷风对应EF0及以下，二级龙卷风对应EF1，三级龙卷风对应EF2和EF3，四级龙卷风对应EF4和EF5。

令人"闻风丧胆"的龙卷风都发生在哪些地区呢？相关研究指出，全球每年约发生2000个龙卷风，美国是龙卷风发生频率最高的国家，每年发生的龙卷风约1200个，堪称"龙卷风王国"。这主要和美国的地理位置、气候条件及大气环流特征有关。北美大陆南起赤道，北至极地，西边是落基山脉，中东部为平原。中纬度地区盛行西风，因此中纬度地区的气流爬坡过山后会变干并下沉，在落基山脉以东的中西部平原形成干燥的气流。另一方面，墨西哥湾的湿热水汽会沿着南风源源不断地流入中西部地区，这样冷热气流的交汇碰撞极易产生旋涡。因此，在美国中西部平原经常形成大面积的不稳定区域，经常发生强雷暴天气，并伴有龙卷风与冰雹，所以这里也被称为"龙卷风走廊"。

我国也会发生龙卷风，但每年的发生次数不到美国的十分之一。据中国气象局统计，近25年（1991—2015年）我国平均每年发生42个龙卷风，主要集中在东部平原地区。根据国家气候中心1991年至2020年的统计数据，在江苏和广东发生的龙卷风个数最多，年均4.8个和4.3个，湖北和安徽次之，年均都是2个。

为什么相比美国，我国发生龙卷风的次数较少呢？一方面，我国只有东部和南部临海，内陆水汽资源不太充沛；另一方面，我国的地形比美国复杂，山脉分布多为东西走向，对北上暖湿气流和南下干冷空气进行了拦截。这样一来，即使冷暖两支气流跨越重重阻隔相遇，也已经被消磨掉大半，难以产生龙卷风。

危害如此巨大的龙卷风能不能像温度、降水一样被预测呢？很遗憾，目前龙卷风的预测仍是世界性的难题。由于地面气象观测站之间存在一定的距离，而大多数龙卷风的尺度小于这些距离，并且龙卷风"神出鬼没"，通常只维持几分钟，因此大部分龙卷风都无法被地面气象观测站捕捉到。无法直接获得观测数据，科学家也就很难对龙卷风进行更加深入的研究。虽然目前对某一个龙卷风的预测存在很大的局限性，但是预报员可以根据大尺度天气条件来判断某个地区是否有可能发生龙卷风，根据发生的概率提前发布龙卷风预警信息。

龙卷风在不同的季节发生的频率差异很大，其中春季和夏季为龙卷风多发季节，7月份最频繁。此外，龙卷风在一天之内的出现时间也有一定的规律，它们偏爱在午后"出没"，这是由于午后太阳辐射最强，大气层结构不稳定，有利于龙卷风天气系统的形成和加强，因此午后是强对流天气最易发生的时段。在这些季节和时间出行，要关注气象部门发布的天气预警信息，留意天气变化，"三十六计躲为上策"，最大程度地避免强灾害性天气带来的风险。

))) 知识小卡片

龙卷风 一种很少见的局地性、小尺度、突发性的强对流天气现象，是由空气强烈对流运动引起的强烈、小范围的旋风。龙卷风的平均直径在250米左右，持续时间约10分钟，每秒最大风速可达100米以上，并伴有雷雨和冰雹。

搏击台风

热带气旋是发生在热带或副热带洋面上的低压涡旋。在不同地区，对于热带气旋有不同的叫法：在北美和大西洋区域称其为飓风；包括中国在内的西太平洋区域称其为台风，而在北印度洋周边则称其为气旋风暴。

我国按照强度将热带气旋分为六个等级，由弱到强分别为：热带低压、热带风暴、强热带风暴、台风、强台风、超强台风。北美地区将热带气旋分为5个等级，分别为：一级飓风、二级飓风、三级飓风、四级飓风和五级飓风。

平均而言，全球每年约生成80个台风，其中超过70%的台风发生在北半球。西北太平洋每年约生成30个台风，是生成台风最多的海区之一，其中约有7个台风会登陆我国。不过台风的数量在年与年之间有明显差异，最多的年份可达15个台风，最少的年份仅有3个台风。

人们为北太平洋台风和北大西洋飓风起了好听的名字，这样做是为了方便公众和媒体了解、报道和记忆。这一做法始于20世纪50年代，并逐渐系统化。目前，全球共有5个区域性热带气旋委员会，由成员国推荐台风名的备选名单，委员会根据名单对出现的热带气旋进行命名，如果某

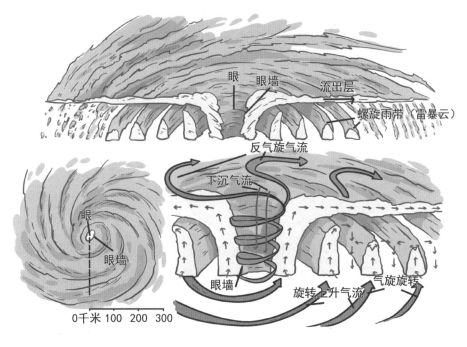

眼　眼墙　流出层
螺旋雨带（雷暴云）
反气旋气流
下沉气流
眼
眼墙
眼墙　旋转上升气流　气旋旋转
0千米 100 200 300

● 台风结构示意图

个热带气旋造成了严重的人员伤亡和经济损失，委员会会在年会上剔除和封存该名字，并增选新的热带气旋名。西太平洋和南海周边的台风由该地区的14个成员国（或地区）提供名字，每个国家（或地区）提出10个名字，总计140个名字，循环使用。我们所熟悉的龙王、风神、海神、悟

空、蝴蝶、天鸽等都是这一地区的台风名称，然而，一些台风名称，如龙王、海燕、海马等，因为台风造成的损失惨重而被替换了。

台风有"暖心"结构，即台风中心区域比外围气温高，这是因为来自海面的湿空气源源不断地汇集到台风云墙中上升并凝结，形成大雨，凝结过程会释放潜热，同时，台风眼中有强烈的下沉运动，下沉过程中空气受到压缩而升温，从而加热中心区域。台风中心有一只深邃的"眼睛"，我们称其为"台风眼"，这可是只大"眼睛"，直径约为 5 ~ 50 千米，最长可超过 100 千米。台风发生时，狂风呼啸、大雨如注，但台风眼所在地区却风平浪静。

台风经常能引发巨浪，对海上航行和停港的船舶造成极大的危害，轻则造成船体振动、船舶主体结构损伤、船舶拍底等事故，重则造成船舶倾覆、螺旋桨失控等，严重威胁船舶与船员的安全。一般的船舶很难承受台风的影响，那海上堡垒"航空母舰"能承受得住吗？

台风所释放的能量巨大，航空母舰在台风面前都不堪一击，二战中所有的炸弹释放的能量，只占一个普通台风不到一半的能量，在台风最强的阶段，其释放的能量相当于每秒爆炸 10 颗原子弹。

为了更好地预警和监测台风，1959 年 5 月 1 日，太平洋舰队成立了联合台风预警中心。1960 年 4 月 1 日，第一颗气象卫星"泰罗斯 1 号"成功发射，从此人类逐渐实现了对全球飓风和台风的监测。

尽管台风破坏力强，但是每年暑期，对我国东南沿海来说，台风还是有好处的，因为在这个时期，我国东南沿海地区正处于三伏天气，艳阳高照、酷热难耐，容易出现伏旱情况。台风的到来不仅能一扫酷热，还能带来丰富的淡水资源，并能缓解局部地区的大气污染状况。而且台风经过的近海地区翻起巨浪，携带海水流动，这会增加海水中的营养物质和氧气，对海洋渔业有巨大的促进作用。如果能及时预警台风，我们就能将损失大幅度降低，使台风为我们造福。

极端暴雨害处多

　　我国降水主要集中在雨季，而且在雨季经常会下暴雨，即短时间内大量降水，若超过湖泊、河流和土壤所能承受的极限，就会引发大范围洪涝。此外，大量雨水下渗导致岩土层过度饱和，会破坏山体的稳定性，容易导致山体滑坡、泥石流等地质灾害。

　　暴雨指降水强度很大的雨。根据中国气象标准，24小时降水量达50毫米及以上的雨称为"暴雨"。根据降水强度的不同，暴雨又分为三个等级：24小时降水量在50～99.9毫米的雨称为"暴雨"；100～250毫米的雨称为"大暴雨"；250毫米以上的雨称为"特大暴雨"。但由于各地降水和地形特点不同，所以各地暴雨的洪涝标准也有所不同。按照发生和影响范围的大小将暴雨划分为局地暴雨、区域性暴雨、大范围暴雨、特大范围暴雨。

　　暴雨产生的物理条件主要有三个：①源源不断的水汽供应，大暴雨或特大暴雨的产生需要有向暴雨区迅速集中的水汽；②强盛而持久的气流上升运动，气流上升运动可以导致空气温度降低，从而引起大量水汽凝结并降落；③不稳定的大气层结构，不稳定的大气层受到扰动后，内部热量交换加剧，导致强烈的对流运动出现。

2010 年 8 月，甘肃舟曲县发生了一场暴雨，引发了泥石流。一位年轻的妈妈听到外面乱石翻滚、玻璃碎裂的声音，误以为发生了地震。她立即拉起熟睡的儿子，躲在屋子的角落。刹那间，泥石流涌入屋内，她用右手紧紧撑起孩子的腋窝，右膝牢牢抵住孩子的屁股，将孩子的背靠在冰箱上。泥石流一直淹没到妈妈的脖颈处，让母子二人动弹不得。这位母亲就这样举着孩子坚持了八个小时，终于获救。而此时屋外的天地早已变了模样，泥石流所到之处都被夷为平地，有一千多人没能幸运地化险为夷。这次由夏季极端降水引发的地质灾害就是"8.8 甘肃舟曲特大山洪泥石流灾害"。

这场特大山洪泥石流灾害是由舟曲县城东北部山区突降的暴雨导致的，在短短 40 多分钟的时间里，降水量达到了 97 毫米，引发了山洪及泥石流。我国 80% 以上的滑坡和泥石流都是由强降雨引发的，特别是在久雨之后，土壤被浸泡、软化，滑坡和泥石流等地质灾害更易发生。除此之外，受暴雨和洪水的影响，很多地方还会发生病菌霉变、食物中毒、蚊

雨量器，用于测量降水量的仪器，一般由承水器、储水桶、蓄水瓶和专用量杯等部件组成。应将雨量器放置在远离建筑和树木的空地上，以最大程度减少观测环境带来的影响。当降水量特别大的时候，要及时把雨水排出并记录降水量。目前大多数降水量的观测已经使用自动观测设备。

0 毫米降水：当雨特别小的时候，虽然能观测到雨，但是雨量器里没有积水，此时就可以记录为"有雨，降水量 0 毫米。"

小贴士

蝇疫病、家畜尸体污染等事件，这些次生灾害带来的损失有时甚至超过直接灾害。

"落雨大，水浸街"，暴雨还容易引起严重的城市内涝。例如，2021年7月20日，河南省遭遇特大暴雨，郑州市16-17时的雨量达到201.9毫米，相当于1小时下了当地年降水量的1/3。这场雨突破了中国历史极值，也是全球大中城市一小时雨强的最大纪录，相当于把150个西湖中的水倒进了郑州。持续强降雨造成河南多地公共设施被淹，人员被困，城市内涝严重，人员和经济损失惨重。

暴雨发生的时候，常伴有雷电和阵风，我们需要防范大风可能导致的高空坠物和雷击。雷雨天气发展非常快，瞬时就会乌云密布，这时，我们要迅速躲入有防雷设施的建筑物内。我们可以利用闪电和雷声的时间间隔来判断闪电的距离，如果闪电和雷声的时间间隔为1秒钟，则闪电就在附近300米处；如果间隔时间为5秒，表明闪电就在1.5千米处。一个雷阵雨系统一般持续几十分钟就会减弱，因此只要在安全地点躲几十分钟，就可以避过最危险的暴风雨阶段。

从气候角度来看，人类活动造成的全球气候变暖进一步影响了全球极端天气事件的发生频率、强度、空间范围及持续时间。其中，水循环和气温的变化是导致暴雨发生的直接因素。气温上升会导致大气中的水汽含量增加、冰川冻土退化、海平面上升、蒸发作用增强等；水循环的变化会导致降水频率、降水周期、降水强度的改变等。

日益增加的极端暴雨天气会导致洪涝、泥石流和滑坡等地质灾害更加频繁和严重，给防洪工作带来巨大压力。不要只将暴雨当成因运气不好而淋的一场大雨，要用严肃、谨慎的态度面对这个我们尚未完全认识的天气现象。

(((知识小卡片 ——

泥石流 一种严重的地质灾害，是指由降水（暴雨、冰川、积雪融化等）诱发，在沟谷或山坡上形成的一种携带大量泥沙、石块和巨砾等固体物质的特殊洪流。

乘坐雷电的人

有一位飞行员从万米高空的雷暴云里一跃而下，经历了低压、冰冻、冰雹、暴雨，幸运的是，他活了下来。

这位飞行员叫威廉·亨利·兰金，他出生于 1920 年，是一名美国飞行员。1959 年 7 月 26 日，兰金正在进行飞行训练，驾驶飞机从马萨诸塞州南韦茅斯海军基地出发，飞往南卡罗来纳州的博福特海军陆战队航空基地，然后原路返回，任务就算完成了。两地之间的直线距离接近 1400 千米，对兰金来说不算太远，这种日常飞行，他已驾轻就熟。当时与他同行的还有一架战机。那天是一个美好的周日，天气近乎完美，天空祥和宁静。

兰金驾驶的是一架 F-8 战斗机，起飞前，机场气象组告诉他在途经弗吉尼亚南部时可能会遇到雷暴云，路过的时候要小心点儿。但他并未在意，雷暴云对他来说是再平常不过的天气现象，这样的雷暴云，兰金经历过很多。遇到的时候，只要提前绕过去就行，或者将飞机爬升到雷暴云上

全球发生闪电最多的地方是委内瑞拉马拉开波湖的卡塔通博河口处，在这个地方，平均每年有 297 天会发生闪电，每平方千米的闪电频次达到 232 次，这就是著名的卡塔通博闪电。

小贴士

方飞过去即可。

飞行过程一路顺利，一个小时之后，在弗吉尼亚南部，兰金果然看到了那团黑暗、巨大且滚动着的雷暴云。考虑到云体规模巨大，绕过去可能会很困难，他驾驶战机向上爬升，一直升到 14600 米的高度，才稳定向前飞行，飞行速度为 0.82 马赫。接近傍晚 6 点时，仪表盘显示引擎有异常，飞机开始上下颠簸。突然，飞机引擎处传来一声巨响，红色的警报灯亮起，转速计的指针迅速降至 0，在 1 万多米的高空，飞机熄火了！兰金立即拉起操纵杆，想要启动辅助动力涡轮机，然而，不知是不是用力过猛，操纵杆居然被他拉断了！

彻底失去动力的飞机，很可能陷入无法控制的高速旋转状态。这种情况下，兰金只剩下最后一个选择，那就是趁飞机还未完全失控之前弹射出舱。但是，这可是 14000 多米的高空啊，而他们平时训练跳伞的高度仅为 1000~3000 米，极限跳伞的高度也仅达 4500 米。飞机舱内的温度大概是 23 摄氏度，可当时舱外的温度已低于零下 50 摄氏度。另外，舱外气压非常低，仅相当于海平面的 15%。

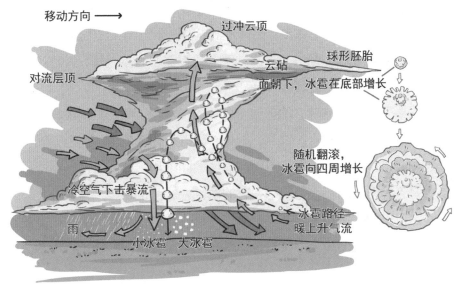

● 雷暴云示意图

"引擎故障，我得马上弹射出去。"兰金向僚机喊道。

兰金很果断地拉下了弹射把手，当时他身上只穿戴着轻便的飞行服和简易的头盔，而且刚出舱，他左手的手套就被气流扯掉了。爆炸性的减压让兰金的腹部迅速膨胀了好几倍，鲜血从他的五官涌出，他感到眼球快要掉出来了，耳膜像是要被撕裂，整个身子都处于痉挛状态。而寒冷让他暴露在外的脸、脖子、左手、手腕和脚踝都剧烈疼痛，身体像是被放入了冰窖，没有手套保护的左手彻底失去了知觉。

在高空的低氧环境里，人很快就会窒息而亡。看着氧气面罩在空中乱飞，兰金强迫自己保持清醒，他爆发出了惊人的求生欲，用那只尚未冻僵的右手抓到了氧气面罩并戴上，终于可以暂时松一口气了。按照惯例，弹射后下降到一定高度时，自动开伞器会开始工作并射出主降落伞，降落到300米左右高度时，人与座椅分离，飞行员安全降落。

兰金看了下手表，时间已经过去了四五分钟，降落伞还没打开。周围是灰暗的云层，如果他贸然提前开伞，很有可能会被长时间吊在高空中，低温、缺氧和减压的环境会让他在落地之前就失去生命。但如果兰金现在距离地面只有几十米，他马上就要撞击地面了。

终于，降落伞打开了，兰金估算，再过10分钟他就能重新拥抱大地了，然而四周是震耳欲聋的雷电，还有噼里啪啦的冰雹声。兰金这才明白过来，他遇到了冰雹区域的强上升气流，使他的下降速度减慢了，并且风暴扰乱了降落伞的气压计，使其提前打开了。

雷暴云中的气流肆意地拖拽着兰金的降落伞，周围一片漆黑，能见度几乎为零，冰雹、雨水、雷声、闪电对他进行轮番攻击。兰金如同一块被扔进洗衣机里的破布，在乱流中被无情地撕扯和拍打。雷电近在咫尺，周围全是各种形状的翻滚的闪电，有的像巨大的蓝色床单，有的像刀片，兰金感觉自己像要被切成两半，而且雷声震得他的牙齿和骨头都在打颤。巨大的冰雹砸在他的身上、头盔上，不断地发出噼里啪啦的爆裂声。他很庆幸头盔还在，不然头骨很可能会骨折。汹涌的雨水一团团地向他涌来，这使得他不得不屏住呼吸，不然会呛水而死。危急关头，他再次想到了死亡，并且自嘲起来，搞不好尸检官会发现他肺里全是水，从而认定他是人类史上第一个在天上被淹死的人，这种诡异的死亡方式可能会使他被载入史册。

兰金在雷暴云中翻滚着、穿梭着，不时被上升的气流抛起，犹如坐云霄飞车。所幸兰金没有被冰雹砸晕，也没有中途窒息，他始终保持清醒的意识，渐渐地，周围变得暖和起来，气流也平缓了许多，最终，他落在一片树林里，降落伞被挂在了树梢上，人像摆钟一样头朝下向前冲去。松树的树枝减缓了下降速度，最后他撞上一棵树，掉到了地上。他还活着！他看了一眼手表，6时40分，他在雷暴云中被折腾了40分钟，这是历史上最长的跳伞降落时间，而兰金也成为世界上第一位穿越雷暴云的人。

兰金确实很顽强，在挣脱降落伞之后，他走了很长一段路才找到公路，并寻得了帮助。被送往医院时，他的身体已出现了严重的内出血、骨折与冻伤，而且视力受损，耳膜破损，左手麻木。

坠机一小时后，救援人员赶到了飞机坠毁的现场，找到了坠机的关键证据：飞机涡轮被卡住了。事实证明，兰金选择冒险弹射是最正确的做法。

经过几周的休养，兰金痊愈了，并回到了工作岗位。顽强乐观的兰金后来写了一本书，名叫《乘坐雷电的人》。兰金一直活到了2009年，享年89岁。

迎战沙尘暴

　　大规模沙尘活动会引发沙尘暴，导致水土流失，造成人员伤亡和经济损失，甚至会摧毁家园，让某些地区变得不再宜居。但沙尘暴并非一无是处，它是自然生态系统的一部分。科学家的研究表明，每年约有2800万吨来自非洲撒哈拉沙漠的沙尘漂洋过海到达南美洲，给亚马孙热带雨林带来约2.2万吨磷肥，从而弥补热带雨林损失的养分。另约有1.02亿吨沙尘沉降到热带大西洋，约有2000万吨沙尘沉降到加勒比海，给热带大西洋和加勒比海提供了约430万吨铁肥和10万吨磷肥，大大提高了海洋生产力，是海洋生态系统的基石。同理，亚洲中部荒漠地区的沙尘随大气环流飘落到北大西洋中，大大提高了海洋的生产力，这也是该地区形成世界著名渔场的条件之一。

　　我国的《沙尘天气等级》（GB/T 20480—2017）标准中，依据沙尘天气发生时的空气水平能见度和风力大小，将沙尘天气划分为浮尘、扬沙、沙尘暴、强沙尘暴、特强沙尘暴五个等级。

1935年4月14日，一堵巨大的沙尘墙出现在美国俄克拉荷马州，这堵沙墙高达3000米，以每小时60多千米的速度快速向前推进。沙尘中伸手不见五指，能见度接近于零。由于阳光彻底被沙尘遮挡，空气温度快速下降，寒气逼人。

这场沙尘暴像北美大平原地区的一场沙尘海啸，席卷了内布拉斯加州中部到墨西哥边境及从科罗拉多州普韦布洛到堪萨斯州东部长约1300千米、宽500～800千米的区域，这就是当时震惊美国的"黑风暴"事件，也被称作"黑色星期日"。

沙尘天气等级

浮尘：无风或风力≤3级，沙粒和尘土飘浮在空中，使空气变得浑浊，水平能见度小于10千米。

扬沙：大风将地面沙粒和尘土吹起，使空气变得相当浑浊，水平能见度为1～10千米。

沙尘暴：强风将地面沙粒和尘土吹起，使空气变得很浑浊，水平能见度为0.5～1千米。

强沙尘暴：强风将地面沙粒和尘土吹起，使空气变得非常浑浊，水平能见度为0.05～0.5千米。

特强沙尘暴：强风将地面沙粒和尘土吹起，使空气变得特别浑浊，水平能见度小于0.05千米。

"黑风暴"的出现有迹可循。随着美国向西扩张，20 世纪前 20 年里，美国中部大平原地区成为农业开发的热土，数百万英亩的天然草地被翻耕为耕地。然而，20 世纪 30 年代，干旱长期发展，干燥的耕地土壤暴露于强风中，沙尘暴就此发展起来。1932 年当地发生了 14 场沙尘暴，1933 年当地发生了 38 场沙尘暴，最终导致了"黑色星期日"。

沙尘暴的形成需满足三个基本条件：强风、沙尘源和不稳定的大气层结。强风是沙尘暴形成的动力条件；地面上丰富而松散的沙尘源是沙尘暴形成的物质基础；不稳定的大气层结是重要的局部热力条件，可以将沙尘传输到高空，从而实现远距离输送。另外，适宜的地形条件也有助于沙尘暴的形成和发展。

全球的干旱地区都是沙尘暴的多发地区，包括北美、澳大利亚、中亚，以及北非和中东地区。我国新疆南部的塔里木盆地、青海西部、甘肃中北部、西藏西部和内蒙古中西部也是沙尘暴的多发区域。干旱是沙尘暴的催化剂，尤其是在本来就干旱少雨的干旱和半干旱区域，季节性干旱会让沙尘暴发生频次迅速增加。由于我国大部分区域属于季风气候，降水主要出现在夏季，春季、秋季和冬季是降水稀少的季节。春季是北方一年之中最干旱的季节，此时土壤解冻，植被尚未生长，地面表层干燥、裸露。春季升温快，地面会产生不稳定的大气层结，当中纬度有气旋、冷空气活动时，就会引发沙尘暴，并将沙尘带到较高的高空，使其随风扩散到更大的范围。

沙尘暴导致的强风可以吹倒或拔起大树、电线杆，刮断输电线路，毁坏建筑物和地面设施，强风刮起的沙尘可以埋压农田、铁路及其他设施，是成灾面广的灾害性天气。

要想减轻和消除沙尘暴的影响，须从沙尘暴的形成条件入手。然而强风、不稳定的大气层结都是自然产生的，人类能做的就是针对沙漠和沙地，缩小松散沙土区域的面积和规模，同时竭尽全力改善耕作方式，保护土壤。

我国应对沙尘暴的重要措施是三北防护林工程的建设。所谓三北，就是西北、华北和东北地区。三北地区分布着八大沙漠、四大沙地和广袤的戈壁，总面积达149万平方千米，约占全国风沙化土地面积的85%。这里很多地方曾经绿野千里、森林密布、草原肥美，由于人口剧增、乱砍滥伐与过度放牧，加之历史上战争绵延和气候变迁，导致土地退化、土地沙漠化，形成大范围流动的沙漠和沙地，一有大风就沙尘飞扬。

　　三北防护林工程是我国一项宏大的改善自然环境、减少自然灾害和维护生存空间的战略性工程。这项工程从我国最东部的黑龙江到最西部的新疆，东西方向长达4480千米，最北到北部边境，最南到渭河、汾河、海河和永定河流域，总面积约406.9万平方千米，占中国陆地面积的42.4%。

　　在过去的40多年里，我国累计完成造林保存面积30.149万平方千米，工程区森林覆盖率由1979年的5.05%提高到了13.59%，活立木蓄积量由7.4亿立方米提高到33.3亿立方米。治理沙化土地33.6万平方米，营造防风固沙林7.882万平方千米。重点治理的科尔沁、毛乌素两大沙地实现了土地沙漠化的逆转。毛乌素沙地更是被联合国评为"全球沙漠治理的标准"，这里的沙化土地治理率已经超过90%，绿洲面积大幅增加，即将成为首个"消失"的沙漠。

　　三北防护林工程在我国北疆筑起了一道抵御风沙、保持水土、护农促牧的绿色长城。

(((知识小卡片

　　黑风暴　俗称黑风，是一种强沙尘暴。黑风暴出现时，大风扬起的沙子形成一堵高达500~3000米的沙墙，所过之处能见度几乎为零。黑风暴是强风、高浓度沙尘混合形成的灾害性天气现象。

清明时节何以雨纷纷

清明时节雨纷纷，

路上行人欲断魂。

借问酒家何处有，

牧童遥指杏花村。

这是唐代大诗人杜牧的诗，描述了清明时节春雨绵绵的景象。按照记载，这首诗作于杜牧担任池州刺史之时。池州，别名秋浦，位于安徽省西南部，是我国著名的历史文化名城。很多人可能会纳闷儿，清明时节踏青赏花，春光明媚，一点儿雨都没有，还时不时来点儿沙尘，杜牧描述的景象在哪里？这一点儿都不准啊！

诗人杜牧所描写的是我国江南地区的景象。在清明时节，这一地区正处于春雨期（主要特征为阴雨连绵），而北方和中原等地降水稀少，正处于"春雨贵如油"的时期。

清明节是每年4月5日前后，既是节气又是节日，在二十四节气中独树一帜。清明时，太阳到达黄经15度，我国大部分地区正式进入春季，日均气温升至10摄氏度以上。这时来自北方的冷空气减弱并南下，但仍维持着一定的强度，而南方的暖湿空气增强并北上，二者在长江流域相遇、对峙，势均力敌，形成"准静止锋"，并导致长时间的阴雨天气，即著名的"江南春雨"，在学术上也被称作"春季持续降水"。

根据研究人员对安徽观测资料的分析，安徽省北部在清明节及其前

当温度和湿度等物理性质不同的两种气团相遇时，二者之间的交界面或过渡带被称为锋面。锋面是一个狭窄的温度和湿度等物理性质变化比较明显的区域。由于冷空气密度较大，暖空气密度较小，二者相遇时暖空气会沿锋面上升或被迫抬升。而且暖空气在上升过程中气温降低，水汽会凝结，易形成云雨、大风等天气现象。所以，锋面是冷暖气团之间狭窄、倾斜的过渡地带。锋面的宽度一般只有几十千米，最多也不超过几百千米，远小于其长度，长度能达到数千千米。

小贴士

后一天中至少有一天出现降水的概率为60% ~ 80%，在安徽省南部为80%以上，最高超过90%。所以杜牧所在的池州出现"清明时节雨纷纷"的概率达80%。

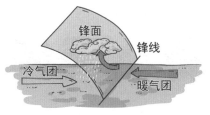

● 锋面系统示意图

　　江南春雨通常出现在每年3月到5月，主要集中在长江以南、南岭以北、武夷山脉以西的区域，大致在北纬24~30度，东经110~120度。中心降雨强度每天达6~7毫米，大概从四川盆地一直到长江入海口，都是属于春雨绵绵、日照较少的区域。成语"蜀犬吠日"说的就是四川盆地多阴寡照，狗不常见太阳，看见太阳觉得陌生便开始叫的现象。

　　江南春雨是我国特有的气候现象，根据相关分析，这种气候的形成和青藏高原有关。正是由于青藏高原的存在，导致西风带青藏高原被分为南北两支，春季两支气流在江南地区汇合，形成雨带。同时，青藏高原还有热力加热作用，使得绕过青藏高原的西南风更强劲，从而降水更充沛。如果做数值模拟实验，把青藏高原去掉，或者降低其高度，我们就会发现江南的雨带消失了，西南风也没那么强了。这些观察与实验表明，青藏高原在江南春雨的形成中起到了根本性的作用。

　　尽管江南春雨会带来宝贵的水资源，缓解长江流域冬季和早春的干旱，但长期的阴雨天气会给农业和交通带来不利影响，有时还会引发洪涝和地质灾害。同时会影响人们的心情，所以才有"路上行人欲断魂"的诗句。

算出天气预报

第一次世界大战的法国战场上，英国气象学家刘易斯·弗莱·理查森在一间简陋、寒冷的茅草屋里，希望通过计算的方法预测未来的天气情况。当时，科学家已经通过对大气的深入研究，将大气运动的基本规律用一套数学方程组表示了出来，被称为大气运动方程组。这样，只要有初始时刻的气象资料（如风速、气温、气压、湿度等），就能计算出未来的天气情况。

1910年5月20日，理查森想利用当天的大气观测数据，计算出6小时后地面的气压。当时他身处战场，还承担着运送伤员的工作，他把所有的业余时间都用来计算。在那个没有计算机的时代，只能用纸和笔手动计算，他足足计算了三个月，最终的计算结果为：6小时后地面气压将升高146百帕。这么大的增幅在现实中几乎不会出现，也就是说，理查森算错了。尽管结果不尽如人意，但理查森的这次尝试揭开了数值天气预报的新篇章。

亲身体会到了计算数值天气预报所涉及的巨大计算量，理查森萌发了"天气预报工厂"这一伟大的设想：在一个类似剧院的球形大厅里，64000位训练有素的算手坐在各自的座位上，每人负责计算一部分。在大厅中央的指挥台上，总指挥员下达指令，算手们同时进行计算。这样便可以在短时间内计算出全球未来的天气预报。

理查森的这一伟大设想在三十多年后得以实现。世界上第一台电子数字积分计算机（ENIAC）研制成功后不久，1946年8月，美国气象学家查尼加入了研制ENIAC的"计算机之父"冯·诺依曼在普林斯顿大学的团队，成为数值天气预报的负责人。1950 年，查尼对大气运动方程组进行了大规模的简化，并利用 ENIAC 进行求解。在 ENIAC 的帮助下，查尼尝试进行了时效为 24 小时的天气预报，这次计算共耗费 24 小时，最终计算出的结果与实际情况十分接近。查尼的成功标志着结合气象学、数学和计算机科学的数值天气预报正式诞生。

数值天气预报的基本理论在于：大气中空气的运动和物理状态遵循一定的物理规律，而这些规律可以用数学物理方程组表示出来，通过求解方程组获得未来的大气状态。

求解这套方程组并不容易，由于变量多，求解过程复杂，不可能像求解一元二次方程组那样得到精确的数字。科学界早就寄希望于数值求解这种方式，即根据当前的状态，利用这套方程组一步步计算未来的天气，这就是数值天气预报的概念，理查森就是数值天气预报的先驱。理查森的错误，现在看来是因为其对大气运动方程组的复杂程度了解不够，尤其是对方程组里的快慢过程没有做合理区分，导致计算中作为"噪声"的快慢过程发展不合理。后来，美国气象学家查尼提出了尺度分析的概念，指出大气运动中存在大尺度的慢过程和小尺度的快过程。例如，大气中传播的声波和气流过山时形成的重力波，都是相对较快的过程，而影响大片区域的寒潮和台风等现象明显要慢得多。只有将大气中的声波和重力波等快过程去掉，才能获得大尺度大气演变的基本特征。

大气运动方程组包括：

1. 大气的水平运动方程，描述空气块在气压梯度力、科里奥利力、摩擦力等的作用下，在水平面上随时间的变化；

2. 静力学方程，描述空气块在重力和空气浮力作用下的垂直运动情况；

3. 热力学方程，根据热力学定律，描述空气块在加热、散热、膨胀、压缩等情况下的温度变化；

4. 连续方程，根据质量守恒定律描述大气中因为空气流动、辐合或辐散等引起的质量变化；

5. 水汽方程，针对水汽的质量守恒方程，讨论由于蒸发和降水、水汽流动和扩散等过程引起的大气中水汽量的变化；

6. 理想气体状态方程，基于经典热力学，结合空气中水汽的存在，建立的气压、密度和温度之间的约束关系。

要做数值天气预报，首先需要将大气运动方程组用计算机表示出来，我们称其为数值预报模式。利用这套数值预报模式做天气预报，需要观测资料的支持。而观测资料不能被直接使用，如雷达数据和卫星数据内容不同，它们与地面的观测和探空资料也不同，需要借助一套被称为"同化系统"的辅助系统，将初始时刻的各种观测数据统一转化为计算机可以利用的数据。这样的计算通常是在超级计算机上进行的，之所以是超级计算机，是因为这样的计算机有一栋楼大小，有成千上万个计算节点、上万个中央处理器，其算力强大，可以执行复杂和巨量的计算。成千上万个计算节点采用并行计算的方式，即所有处理器同时执行计算，从而在较短的时间内完成计算任务。

虽然数值天气预报得到了飞速发展，但是仍面临着许多问题和挑战。

第一，我们难以获得完美的"原材料"——准确的初始观测数据。

由于地形地貌的限制，气象观测站点分布十分不均匀，在很多地方无法进行观测，如山脉纵横的高原、波涛汹涌的大海和风沙滚滚的荒漠等，把不均匀的观测数据通过各种方式转化成均匀的初始数据时，必然会有误差。此外，观测数据越少的地区，计算结果与实际大气情况存在的误差就越大。

第二，目前已知的大气物理规律并不能完全刻画实际大气中发生的所有物理过程。

大气是个复杂的流体，涉及复杂的物理、化学和生态过程。人类目前对其中很多现象还缺乏深入的了解，更不用说用数学、物理方程来准确描述其规律。

　　第三，计算机在计算过程中产生的误差难以避免。

　　基于现在的超级计算机的算力，还难以做到无间隙地计算出地球上每个区域每分每秒的天气状况。为了解决这一问题，人们采用了空间和时间差分算法。这种算法通过计算一定时间和空间间隔的数据来代替实际的大气演变过程。例如，可以选择每 10 分钟算一次，或每隔 100 千米设置一个计算格点。然而，由于采用了间断的差分算法，计算结果肯定与实际的大气变化情况存在差异。

　　另外，计算还受"蝴蝶效应"的影响。一只在南美洲亚马孙热带雨林中的蝴蝶，偶尔扇动几下翅膀，就可能在两周以后引起美国得克萨斯州的一场龙卷风。大气系统呈混沌状态，大气中一些微小的运动有可能在极其复杂多变的体系中演化出不可思议的结果。所以在计算过程中，无论是来自初始观测数据的误差，还是计算过程中产生的计算误差，都可能使每一次数值预报结果与实际情况大相径庭。

　　目前，基于数值天气预报虽然实现了对天气变化的定量演算，但还有很大的发展空间。

如何生成天气预报

天气预报是如何生成的呢？

目前各个国家的气象部门发布天气预报都要经过五个步骤。

第一步：气象观测

目前制作天气预报所需的观测数据来自天基观测、空基观测和地基观测相结合的立体气象观测体系。天基观测主要指卫星观测，包括静止气象卫星和极轨气象卫星；空基观测主要指使用探空气球、飞机、无人机、火箭等进行观测；地基观测主要依托地面气象站、天气雷达和船舶等进行观测。在气象观测中，保证规范性非常重要，不然很难实现全球数据的可比性。世界气象组织要求全球必须在相同时间（国际标准时每天0时和12时前一小时内）施放探空气球。我国规定全国探空站在每天7:15和19:15准时施放探空气球，施放时探空仪高度必须与本站地面气压表处于同一水平面。如果高度差超过一米，则必须进行订正。预报员用这样一套规范的气象观测系统来"监视"大气的一举一动，实时获取大气运动的情况，为做好天气预报打下牢固的基础。

天气与生活息息相关，早期天气预报从占卜逐渐转向经验分析，现代天气预报始于天气图的诞生，随着计算机的发展，数值天气预报水平的高低已经成为衡量一个国家气象现代化水平的重要标志。

小贴士

第二步：数据收集

遍布全球的气象站和各种观测设施组成了观测天气变化的网，昼夜不停地捕捉地球大气中的各种气象信息。这些信息通过有线、无线电报及电传等方式，迅速被汇集到全球多个气象通信中心和区域通信枢纽，然后被

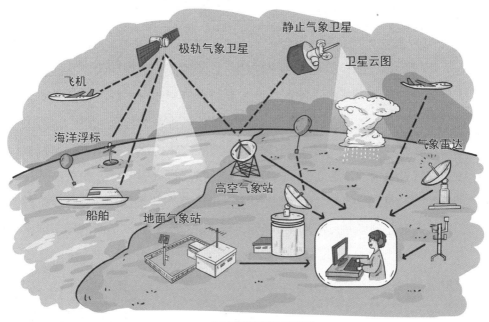

● **全球观测系统示意图**

分发到各个国家、地方的气象中心和气象业务单位，进入下一个环节。国际气象信息通信技术从早期的摩尔斯电报通信、电传通信、无线传真，到现在的计算机通信、网络通信和卫星通信，得到了很大的发展，目前已形成卫星通信与宽带地面通信相结合的通信系统。

🌐 第三步：数据分析

在早期，这些收集到的观测数据只能通过人工绘制于地图上，预报员制作一张天气图需要花费一个多小时。而现在，利用计算机高效处理观测数据，预报员只需几秒钟就能得到全球的天气图。同时，这些观测数据也会被传入超级计算机的数值天气预报系统，由超级计算机进行计算，生成一份客观、定量的数值天气预报，供预报员参考。预报员通过分析天气图，参考数值天气预报结果，对大气的运动情况进行综合判断，最终得出未来天气变化的预报结果。除此之外，各地气象部门还会根据大量的观测资料，采用概率统计的方法，建立各种统计预报模型，以此来预报天气。

第四步：天气会商

尽管计算机的计算速度越来越快，数值模式不断得到改进，但是影响天气的原因多样且复杂，预报员还需要基于气象知识和经验进行判断。因此气象部门在发布天气预报前，会邀请多位预报员参与天气讨论，即天气会商。这一过程正如医院组织专家会诊一样，寻找病因，给出治疗方案。我国中央气象台和各省的气象部门会通过专门的网络通信系统，每天进行在线天气会商。遇到特殊天气和节假日，还会增加天气会商的次数，在汇总各个预报员的专业意见后，对全国或特定区域的未来天气做出最终的预报结论。

第五步：发布预报

经过天气会商确定的天气预报结果会通过不同形式和平台分享给公众。

根据预报时效的不同，天气预报可以分为以下几类：短时临近预报（0~12小时）、短期预报（3天以内）、中期预报（4~10天）、延伸期预报（11~30天）和长期预报，其中长期预报也被称作短期气候预测，一般是预测一个月到1年的平均天气状况。此外，还可以分为月预报、季度预报和年度预报。

近年来，人工智能迎来发展热潮，各个研究机构都在研究人工智能天气预报的准确性和成熟度，各个气象部门也纷纷探索在天气预报中引入人工智能系统的可能性，未来人工智能将成为天气预报工作中不可或缺的一部分。

大气是一个复杂的混沌系统，它的"个性"难以捉摸，突如其来的"变脸"常常让人难以接招。我们只有及时关注天气预报和预警，及时了解天气变化情况，加强风险防范意识，天气预报在防灾减灾方面的作用才能得到最大限度地发挥。

(((知识小卡片

天气图 将各个气象观测站同一时刻观测得到的温度、压强、湿度等数据绘制在地图上，形象地展现出大气在某时刻的实际情况。

气候变化

地球的气候并不是一成不变的，在地球漫长的历史中，经历了沧海桑田的气候变化。在温度高的时候，南极和北极的冰雪完全融化；在温度低的时候，陆地和海洋上都被冰雪覆盖，进入"冰雪地球"状态。气候之所以会发生变化，主要是因为地球气候系统的能量平衡被打破。在地球漫长的历史中，自然因素主导着地球的气候变化。如今，人类活动已经超越了自然的演变过程，导致大气污染、臭氧层空洞和前所未有的全球变暖，直接威胁人类文明的存在。

臭氧层空洞的发现

1982 年 10 月，英国南极科考队员约瑟夫·法曼比较烦恼，因为近期的臭氧观测数据似乎出了点儿问题，他观测到的臭氧数值大幅度低于之前的正常值。一般而言，南极这个季节正常的臭氧浓度约为 300DU（臭氧柱浓度单位），而近期浓度只有约 200DU，降幅达 33.3%。

约瑟夫·法曼的第一判断是仪器故障。在南极的冰天雪地里，仪器出现故障实在太正常了，尤其是测量臭氧浓度的 Dobson 光谱仪。为了确保核心温度正常，约瑟夫·法曼每次测量时，都得先用羽绒被把 Dobson 光谱仪包紧，然后将其拉到观测站外迅速测量，测量后再迅速拉进观测站内。这个过程中的多番折腾也可能导致仪器出现故障。何况那台 Dobson 光谱仪已经老了，哪怕它天天"罢工"也实属正常。

美国自 1978 年就发射了 Nimbus-7 卫星，这个卫星上搭载有测量大气臭氧总量的光谱仪 TOMS，可以对全球臭氧总量进行实时监测。当

时 NASA（美国国家航天局）的科研人员并没有报告任何异常，看来确实是仪器出了问题，约瑟夫·法曼当时做出了这个判断。

第二年，当英国南极科考队再次来到南极哈雷湾观测站时，约瑟夫·法曼带来了新的臭氧测量仪器，这个崭新的白色的 Dobson 光谱仪看起来既结实又可靠，可是当观测结果出来之后，他依然发现观测数据相比正常值大幅降低，降低程度比去年还严重，到底出了什么问题？难道从英国到南极观测站，16000 多千米的路程，一路颠簸过来，仪器又出现故障了？

他把自 1956 年建站以来的臭氧数据都进行了分析，发现从 1977 年开始，每年的 10 月份，观测站上空的臭氧总量都比其他时间少，并且比 1977 年之前少很多，到底发生了什么？他想向国际社会报告这个异常情况，可是科学研究讲究"孤证不立"，只有这一个观测站出现了臭氧观测值降低的问题，并不能证明南极洲整体都出现了这种情况，何况还无法排除近些年仪器的老化和故障问题。

为了查明到底是南极哈雷湾观测站所在的地区出现了异常，还是南极洲整体都出现了异常，约瑟夫·法曼的团队在 1984 年观测时，专门到南极哈雷湾西北方向 1600 多千米的地方做观测，他们发现这里也存在臭氧观测值大幅降低的现象，至此，现有的观测证据似乎足够表明春季南极上空出现了臭氧的严重损耗。

1985 年 5 月 16 日，著名杂志《自然》发表了由约瑟夫·法曼和同事布莱恩·加德纳、乔恩·尚克林撰写的文章。文中指出，南极哈雷湾观察站自 70 年代中期起，每年的臭氧总量都出现了严重损耗，到 80 年代初，

每年 10 月份的平均臭氧损耗超过 40%。

论文一经发表，即引起全球关注，NASA 的研究员开始重新检查 Nimbus-7 卫星的观测数据。他们吃惊地发现，在南极上空已经形成了一个巨大的臭氧层空洞（简称臭氧洞）。当然这不是一个真正的"洞"，而是指其中的臭氧浓度大幅度低于周围，NASA 的研究员发现这个"洞"的面积已经达到了上千万平方千米，比美国的国土面积还要大。

为什么从NASA的卫星资料中没有发现南极上空这一重大变化呢？实际情况让NASA的研究员有点哭笑不得。Nimbus-7卫星一天24小时不停地观测全球大气状况，收集了海量的数据，研究员来不及对数据进行仔细分析，而且数据里存在大量的误差和错误。为了解决这一问题，NASA的科研团队专门建立了数据处理的程序模块，对异常高和异常低的数值进行自动识别。因此当臭氧洞区域出现异常低的数值时，程序将其识别为"不可能"数据，这种"不可能"数据的产生被归因于仪器故障和误差，因此，即便NASA的研究员有南极地区的卫星资料，他们依然错失了这一重大发现。

20世纪80年代后，南极臭氧洞几乎每年都季节性地发生，而且面积越来越大。1992年10月和1993年10月，臭氧损耗非常严重，平流层部分区域臭氧浓度下降了99%。1998年12月，世界气象组织观测发现，南极上空臭氧洞的面积连续近100天超过1000万平方千米，同年9月，更是创纪录地达到了2790万平方千米。南极臭氧洞的最大面积出现在2000年9月9日，达到了2990万平方千米，这么大规模的臭氧洞已经能危及南美洲大陆最南端的火地岛和阿根廷圣克鲁斯的南部地区。

不仅仅在南极上空，北半球上空也出现了臭氧洞，只是出现的频率比较低，大约每10年一次。历史上，北极地区在1997年和2011年都出现了较大规模的臭氧洞。2020年3月，北极地区出现了更大的臭氧洞，此次臭氧低值区域面积约600万平方千米，其中符合臭氧洞标准（臭氧总量数值低于220DU）的面积超过了100万平方千米。这说明臭氧总浓度的减少是全球性的。

臭氧层的稳定关乎地球生命的健康。若平流层臭氧浓度减少1%，全球人口白内障的发病率将增加0.6%~0.8%，全球每年因白内障而失明的人数将增加10000~15000人；若臭氧浓度下降10%，非恶性皮肤瘤的发病率将增加26%，人体免疫系统机能将会减退。另外，随着臭氧浓度的下降，空气中的UVB（户外紫外线）会越来越多，UVB会破坏植物中的叶绿素，影响植物的光合作用，使农作物减产。因此，臭氧洞的发现引起了全球轰动，臭氧层的保护工作进入了快车道。

─── (((**知识小卡片** ───

臭氧洞 地球上空的臭氧层因臭氧浓度大幅度下降而形成的大范围臭氧浓度低值区，主要出现在南极上空。

什么是温室效应

我们能在冬季吃到新鲜的蔬菜，离不开种植蔬菜的温室大棚。温室大棚的棚顶一般是用玻璃或塑料薄膜做的，这让太阳光能直接照射进来，加热室内空气。玻璃和塑料薄膜可以避免室内的热空气向外散发，使室内的温度保持高于外界的状态，为温室里的蔬菜提供良好的生长条件。

月球和地球与太阳的距离差不多，由于月球上没有大气层，太阳辐射直接加热月球表面，导致白天月球赤道附近的温度可达120摄氏度。然而到了夜间，因为缺乏大气层的保温效果，月球表面的热量辐射损失得很快，最低温度可以降到零下130摄氏度以下。在极其黑暗的陨石坑里，最低温度可达零下253摄氏度。

地球处于太阳系的宜居带之中，表面平均温度约为15摄氏度，不暖不冷刚刚好。但是，如果没有大气层，地球的温度大约只有零下18摄氏度。在这么低的温度下，地球上的整个生态系统都会被破坏，首先植物会灭绝，然后食草动物会因为缺少食物而灭绝，接着食肉动物也会随之灭亡，人类也坚持不了多长时间。

与月球类似，水星也没有大气层。水星作为距离太阳最近的行星，白天其地表温度高达430摄氏度，夜间地表温度骤降，最低可达零下180摄氏度，水星平均温度约为176摄氏度。尽管距离太阳最近，水星却不是太阳系里温度最高的行星。金星的表面温度高达464摄氏度，热到足以熔化铅。

这主要是因为金星有着浓密的大气层，其表面气压是地球表面气压的90多倍，其大气由96.5%的二氧化碳、3.5%的氮和二氧化硫等其他痕量气体组成。尽管金星上太阳辐照度仅约为水星上的1/4，但是超强的温室效应使得金星近地表的热量几乎难以散逸到宇宙空间，这种失控的温室效应是金星表面温度过高的根本原因。

近代物理学认为，物体能够以电磁波的形式向外辐射能量，物体自身的温度越高，辐射强度越强，辐射波长越短。太阳表面温度约为6000开氏度，以辐射形式不断向周围空间释放能量。太阳发射的电磁波波长较短，其辐射能量主要集中在150～400纳米的电磁波，称为太阳短波辐射。地球－大气系统所处的温度为200～300开氏度，其辐射能量主要集中在400～1200纳米的电磁波，称为地球长波辐射。地球在接收太阳短波辐射而增温的同时，也时刻向外进行长波辐射而降温，二者最终达到平衡状态，才确保了地球气候的稳定。

短波辐射和长波辐射在经过地球大气层时的"遭遇"是不同的，地球大气对太阳短波辐射来

知识小卡片

开氏度和摄氏度 都是用来计量温度的单位，两者之间可以进行换算。物理学中摄氏温标表示为 t，单位为℃；开氏温度表示为 T，单位为 K，在数值上 1K=1℃。开氏温度和摄氏温度的换算关系为：$T=t+273.15K$。

说几乎是透明的，几乎不吸收可见光，却强烈地吸收地面长波辐射。大气在吸收地面长波辐射的同时，其自身也向外辐射波长更长的电磁波（因为大气的温度比地面更低）。其中一部分向上进入宇宙空间，还有一部分向下到达地面，这部分辐射被称作大气逆辐射，地

面接收逆辐射后升温。大气层对地面的保温效果类似"温室"的作用，因此就被称作"温室效应"。

　　并不是每种气体都能强烈地吸收地球的长波辐射，温室气体的温室效应是由它们自身的分子结构所决定的。地球大气的主要成分氮气、氧气都不是温室气体，因为它们的分子中含有两个相同元素的原子，原子之间通过化学键相连，像用弹簧连接一样，当分子振动时，原子的电荷分布没有发生净变化。而二氧化碳、水汽等分子结构振动方式较多，除了伸缩振动，还可以发生弯曲振动和变形振动，引起电荷分布和能量的变化，其吸收红外辐射，具有保存红外热能的能力。

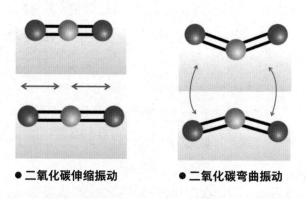

● 二氧化碳伸缩振动　　　　　● 二氧化碳弯曲振动

　　温室气体几乎能吸收地面发出的所有长波辐射，但对其中一些很窄的红外波段的辐射很少吸收，称为"大气窗区"。地球主要通过"大气窗区"和大气把从太阳获得的热量以长波辐射的形式返还到宇宙空间，从而维持地面温度的稳定。

　　温室气体主要有二氧化碳、甲烷、氧化亚氮、水汽、臭氧等，人造温室气体包括氯氟烃、含氯氟烃、氢氟碳化物、全氟碳化物和六氟化硫等。其中二氧化碳是受关注度最高的温室气体，是植物进行光合作用必不可少的原料。自然状态下，二氧化碳约占大气总体积的 0.04%。要衡量其他温室气体引起温室效应的能力，一般以二氧化碳为参考，用全球增温潜势（GWP）来表示在一定时间内同样质量的其他气体引起的辐射强度与二氧化碳的比值。在 20 年时间内，甲烷的 GWP 值约为 81，臭氧约为 65，氧化亚氮约为 273。氯氟碳化合物几乎都是强温室气体，其中 CFC-11 的 GWP 值达到 7430，CFC-12 的 GWP 值达到 11400，CFC-13 的 GWP 值为 12400。为了保护臭氧层，用来替换 CFCs 的 HFC 和 HCFCs 也大多是强温室气体，例如，HCFC-22 的 GWP 值达到 5690，HFC-23 达到 12400。

温室气体的存在是地球宜居的保证，如果没有温室效应，地球将无法保存辐射能量，地球上的季节温差和昼夜温差就会很大，温度将稳定在零下 18 摄氏度左右。而地球的实际温度约为 15 摄氏度，这增加的 33 摄氏度就是温室气体提供的，它像一床温暖的被子，保护着地球上的生命。

近年来人类对全球变暖的担忧让不少人看到温室气体就下意识地皱眉头。事实上，温室气体并不是捣乱的"熊孩子"，如果没有温室气体，地球便无法孕育生命。但过多的温室气体确实会造成温室效应异常增强，所以人类应该担心的不是温室效应，而是温室效应异常增强。由于人类活动致使温室气体的数量和品种增加，原有的温室效应增强，返还宇宙的能量减少，多余的能量加热了地球—大气系统。

如果把气候系统的能量传输比作水流，那么温室气体增加造成的温室效应就相当于一个从外部不断向地球系统内流水的"水龙头"。能量首先通过温室气体被储存到大气这个容器中，然后通过海—气的相互作用进入更大的容器——海洋，并在更长的时间尺度上影响全球气候。联合国政府间气候变化专门委员会第六次气候变化评估报告指出，如果人类不采取行动，未来几十年全球升温幅度可能突破1.5摄氏度，本世纪后期甚至将突破3摄氏度。这种增温幅度将超过地球历史上冰期－间冰期变化的最高值，这将是人类本世纪和未来很长时间不得不面对的最大的环境问题。

(((知识小卡片

温室效应 又称"花房效应"。太阳短波辐射可以透过大气射入地面，地面增暖后放出的长波辐射被大气中的二氧化碳等物质吸收，使得大气进一步增暖。这种现象类似于栽培农作物的温室，因此被称为温室效应。

沧海桑田的气候变化

北极地区是北半球的冷极。在漫长的冬季里，这里冰雪覆盖，寒风呼啸，最低温度低至零下60摄氏度。夏季来临时，冰雪消融，海上巨大的冰山仍然飘动着。然而在始新世时期（5780万—3660万年前），北极环绕着郁郁葱葱的沼泽、森林，到处都是海龟、短吻鳄、貘，以及长得像河马的冠齿兽，气候的巨变可见一斑。

这还不是地球历史上最剧烈的气候变化，在地球历史的高温时期，全球温度比现在高近20摄氏度，两极地区完全没有冰雪，海平面比现在高200米以上。在地球历史的极端低温时期，地表气温比现在低40摄氏度以上，地球上的陆地和海洋完全被冰雪覆盖，海冰厚度可达一两千米，陆地上的冰川和积雪厚度可达数千米，整个地球变成了一个巨大的冰雪世界。气候为什么会发生如此巨大的变化呢？

(((知识小卡片

反照率 行星物理学中用来表示天体反射本领的物理量。太阳的辐射到达地球后，遇到明亮的云、冰雪、沙漠等，会被反射回去，颜色越白的物体，反射的太阳辐射越多，反射太阳辐射的量一般用反照率来衡量。

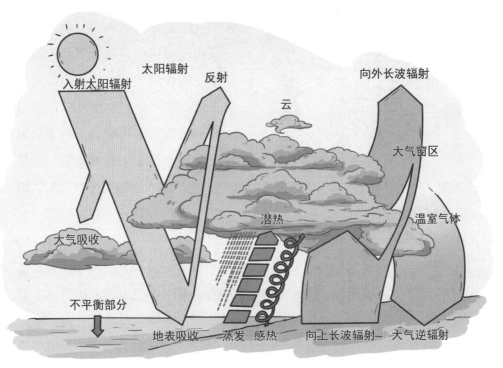

● 全球能量平衡示意图

我们知道，太阳辐射是地球系统的主要能量来源，太阳辐射并不直接加热大气，而是照射在地球表面，加热陆地和海洋，然后通过感热、潜热和辐射等形式加热大气。地球以长波辐射的形式向宇宙空间辐射能量，入射的太阳辐射与出射的地球长波辐射基本保持平衡，保证了地球气候的基本稳定。

入射和出射的能量平衡被打破后，气候就会偏离正常。当入射的能量超过出射的能量时，地球温度就会升高；反之，当入射的能量小于出射的能量时，地球温度就会降低。在地球演变的过程中，海冰变化、温室气体的变化、太阳辐射强度的变化、地球轨道参数的变化、火山爆发、大气成分的变化等都可以引起气候的变化，这些因素一般被称为气候驱动因子。

气候变化的过程中，需要依赖一些正反馈机制来放大其他气候驱动因子的作用。海冰变化可以形成正反馈机制。明亮的海冰可以反射80%的太阳短波辐射，而海水会吸收90%以上的太阳短波辐射。如果其他原因引起增温，导致浮冰融化、消失，更多的太阳辐射会直接射入海洋，使海水的温度升高，引起全球温度上升，从而使冰雪消融，就这样通过正反馈机制，加剧地球升温。

温室气体的变化也会形成正反馈机制，因为温度越高，海水溶解的二氧化碳越少；温度越低，海水溶解的二氧化碳越多。当其他原因造成全球温度小幅升高时，海洋就会释放温室气体，导致温室气体浓度升高，促使温室效应增强，使全球温度进一步升高。反之，当全球温度出现小幅下降时，海洋吸收温室气体的能力就会增强，使二氧化碳浓度降低，减弱温室效应，导致全球进一步降温，从而形成正反馈机制。

在漫长的地球历史中，太阳辐射强度并不是一成不变的。例如，太阳和地球刚形成不久时，新生太阳的辐射强度只有现在的70%左右，地球应该处于冰封状态，而研究表明，当时地球上存在液态水，温度甚至比现在还高，这种现象被称作"黯淡太阳悖论"。后来科学家指出，当时地球温度之所以高，是因为早期地球大气中富含二氧化碳和甲烷等温室气体，其浓度是现在浓度的上千倍，强烈的温室效应有效抵消了"早期黯淡太阳"的影响，从而为早期生命的诞生提供了"温床"。

地球上的陆地面积会影响气候的稳定，陆地的反照率比开阔的水面更强。因此，从卫星上看地球，陆地部分比海洋更明亮，尤其是那些没有植被的荒漠地区，反照率一般能达到15%～40%，有植被覆盖的地表反照率在10%～20%，而当太阳高度角比较大时，开阔的海面和湖面反照率接近3%。因此，在陆地面积扩大的时期，地球温度偏低，在陆地面积减少的时期，地球温度偏高。

陆地的位置也会影响气候的稳定。同样面积的陆地，低纬度地区反射的太阳辐射多于高纬度地区，使得地球因整体反射更多的太阳辐射而降温。例如，约7亿2千万年前，大部分陆地均是罗迪尼亚超级大陆的一

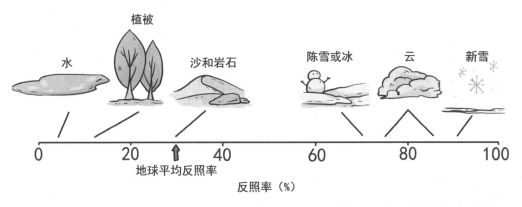

● 地球表面不同物质的典型反照率

部分，主要聚集在赤道地区（南北纬30度之间），有较高的反照率，使得进入地球的太阳辐射减少，产生了最初的小幅降温（约为3摄氏度），这引起了高海拔和高纬度地区的冰雪不断堆积，进一步增加了地球的反照率，通过冰雪辐射的正反馈机制，使得降温更严重，最终导致整个地球进入冰雪地球状态——海洋和陆地都被厚厚的冰层覆盖，这就是著名的斯图尔特冰期，这场冰期持续了约6千万年。

青藏高原和喜马拉雅山脉的形成奠定了现在全球气候状况的基础。在约1亿年前，印度洋板块与南极洲板块分离，向北移向亚洲大陆。大约在5500万—4500万年前，印度洋板块与亚欧板块相撞，板块边缘的沉积岩持续挤压、折叠、断裂和抬升，形成了雄伟的喜马拉雅山脉。这一抬升过程持续了几千万年，目前还在进行中，世界最高峰——珠穆朗玛峰还在以每年几厘米的速度升高。由于高耸山地的侵蚀速度远快于平原地区，喜马拉雅山等山脉的风化作用消耗了大量的二氧化碳，使大气中二氧化碳的浓度持续降低，减弱了大气的温室效应，导致了长期的降温趋势。从5000万年前开始，全球气温累计下降了约14摄氏度。

地球板块运动导致的海洋水道的开合，也会影响气候的稳定。例如，在1000万年前，南北美洲之间被宽数百千米的水道隔绝，这使太平洋与大西洋之间的海水可以自由流通。然而地球板块运动使南北美洲相连，贯穿中美洲的东西水道被封闭，这使墨西哥湾流（以及整个大西洋环流系统）更加强劲，暖水向北流动，给大西洋北部带来了更多的热量和水汽。额外的热量和水汽使得冰岛、格陵兰岛、北美北部和北欧降雪量增加，反照率提高，最终引发了更新世冰期。约260万年前，北半球的格陵兰岛就形成了稳定的冰盖。

地球轨道参数的变化也会使地球表面接收到的太阳辐射发生变化，进而导致气候变化。其中地球绕日公转轨道偏心率存在约40万年和约10万年的周期变化；地轴的倾斜度在22.1度和24.5度之间变化，周期约为4.1万年；地球自转轴指向位置存在周期约为2.6万年的变化。20世纪40年代，塞尔维亚地球物理学家米卢廷·米兰科维奇提出著名的米兰科维奇理论，他利用偏心率、地轴倾斜度和地球运动的周期，计算了北纬65度的日照度变化，指出地球轨道参数的变化是地球历史上形成冰期和间冰期的主要原因。

然而，板块运动、地球轨道参数等自然过程引起的气候变化速度非常慢。例如，大气中二氧化碳的浓度从5000万年前的2000ppm降低到工业革命前的280ppm，降低速度为0.3ppm每万年。这种幅度的变化过程对气候的直接影响较小，在人的一生中难以察觉。然而，最近100年，大气中二氧化碳的浓度约增加了140ppm，增幅约50%，这主要是因为人类大量燃烧包括煤、石油和天然气在内的化石燃料，大规模毁林开荒，导致温室气体增加，从而引发全球变暖，变暖速度是自然过程的数百倍以上，全球变暖带来的问题正"扑面而来"。

(((知识小卡片

米兰科维奇理论　米卢廷·米兰科维奇是塞尔维亚的气候学家，1920年，他提出影响地球气候变化的理论，指出地球轨道参数存在10万年、4.1万年和2.6万年的周期，会影响北半球中高纬度夏半年（一年中比较炎热的半年）的日照量，成为导致地球过去数百万年发生气候变化的主要因素。

冰雪地球　英文名称为Snowball Earth，指的是包括大陆和海洋在内的整个地球完全被冰雪覆盖，地表温度降到零下50摄氏度，陆地和海洋白茫茫一片，海冰厚度可达一两千米，陆地上的冰川和积雪厚度可达数千米，整个地球变成了一个巨大的冰雪球。冰雪地球在地球历史上可能出现过多次，最受认可的有三次：第一次发生在24亿—22亿年前，第二次发生在7.5亿—6亿年前，第三次发生在2.8亿年前左右。第三次冰雪地球事件被认为是造成二叠纪生物大灭绝的原因之一。

旱涝的密码

2019年7月起，山火开始在澳大利亚肆虐、蔓延，一直持续到次年5月份。在此期间，累计过火面积超过20万平方千米。这一面积超过韩国国土面积，大于比利时、瑞士、荷兰面积之和。据统计，澳大利亚山火造成超过30亿只动物死亡，排放了约4.7亿吨二氧化碳，使一段时间内澳大利亚的空气污染指数"冠绝全球"。

几乎同时，非洲蝗虫肆虐，这次蝗灾是肯尼亚70年之最，是东非整个地区25年之最。2020年1月底，联合国粮农组织（FAO）向全球发布消息：约有4000亿只蝗虫活动，蝗虫大军跨过红海和阿拉伯半岛，甚至直逼巴基斯坦和印度。

地球到底怎么了？

在澳大利亚的山火和非洲的蝗灾中，气候异常难辞其咎，这背后藏着厄尔尼诺的身影。厄尔尼诺主要是指太平洋东部和中部热带海洋的海水温度异常变暖现象。因为主要发生在圣诞节前后，所以南美洲秘鲁、厄瓜多尔一带的渔民用西班牙语中的"圣婴"（小男孩）来称呼这种异常现象。厄尔尼诺现象的发生会使全球气候异常，引起秘鲁一带渔业减产，同时使南美洲西部沿海地区降水增多，引发泥石流等地质灾害，在西太平洋的东南亚和澳大利亚一带，会导致降水偏少，引发干旱。拉尼娜是指太平洋东部和中部热带海洋的海水温度异常变冷的现象，与厄尔尼诺几乎相反，所以也被称作反厄尔尼诺。

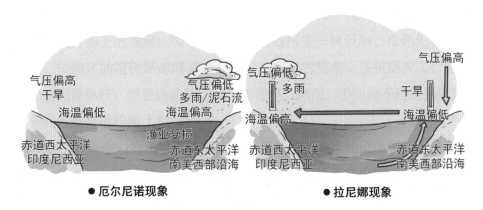

● 厄尔尼诺现象　　　　　　　　　　　　　● 拉尼娜现象

2017—2019 年，澳大利亚持续干旱，部分地区每年的降水量仅为 100 多毫米，这和从 2018 年底到 2020 年春夏之交发生的厄尔尼诺现象密切相关。

厄尔尼诺现象发生时，赤道东太平洋维持偏暖状态，而西太平洋和东南亚地区维持海温偏低状态，这导致西太平洋、东南亚和澳大利亚地区异常干旱。除此之外，厄尔尼诺还使得西印度洋海温偏高，印度洋由此发展起印度洋偶极子（IOD）的正位相，使得干旱区的旱情更加严重。除了干旱，2019年澳大利亚还经历了高温下的炙烤，夏季的平均气温是有纪录以来的最高温。干旱加上高温与大风，山火就一发不可收拾了。

大规模的蝗虫灾害也有迹可循，厄尔尼诺现象和印度洋偶极子 (IOD) 的正位相事件的叠加，使得热带西印度洋温度偏高，更有助于台风活动。于是，2018 年 5 月，台风梅库努袭击也门，引发了山洪和泥石流，同时给阿拉伯半岛南部广阔的荒漠带来降水。2018 年 10 月，气旋鲁班登陆，给也门与阿曼边境区域带来大量降水。沙漠蝗虫的寿命约 3 个月，一代蝗虫成熟后，成年蝗虫产的卵如果遇到合适的条件，所能产生的后代数量是前一代的 20 倍，2018 年的两场台风让三代蝗虫在 9 个月内疯狂繁殖，并向东非蔓延。

2019 年袭击非洲之角的台风数量达到了 9 个，是过去 40 多年（自 1976 年）来最多的一次，创造了新纪录。其中，莫桑比克更是在 6 周之内受到了两个台风（台风艾达和台风肯尼思）的袭扰。台风导致的大雨使干旱地区的植被得以生长，为蝗虫提供了生长和繁殖所需的条件，导致蝗虫数量迅速增加。2019 年秋冬季节，降水再次来临，10—11 月东非地区的降水量几乎是正常值的 3 倍，肯尼亚的降水量更是正常值的 4 倍，从而导致东非和北非干旱地区植被繁盛，蝗灾彻底爆发。

世界粮农组织估算，非洲蝗灾中，1 平方千米的蝗虫群中大概有 1.5 亿只蝗虫，一天可以吃 35000 人的口粮，而这次非洲蝗灾，其中一个大的蝗虫群就长达 60 千米，宽达 40 千米，高几十米。

拉尼娜与厄尔尼诺，二者合起来称作 ENSO 现象。厄尔尼诺和拉尼娜现象是 ENSO 现象的两个极端。一般情况下，厄尔尼诺现象和拉尼娜现象轮流出现，在年底达到最强，次年春夏开始减弱、消退，周期为 2～7 年，但是并不固定，也可能连续出现厄尔尼诺现象或拉尼娜现象。2020 年夏季，持续两年的厄尔尼诺现象消退后，拉尼娜现象就发展起来了，并从 2020 年底持续到 2023 年中。这次拉尼娜现象贯穿 2020—2021 年的冬季、2021—2022 年的冬季和 2022—2023 年的冬季，也被称作"三重拉尼娜"事件。

对于东非而言，拉尼娜现象意味着干旱的来临。以肯尼亚为例，肯尼亚位于非洲东部，赤道横贯其中部，东非大裂谷纵贯其南北，每年有两个雨季，分别为 3 至 5 月和 10 至 12 月，其余为旱季。"三重拉尼娜"袭来后，印度西太平洋海温偏低，肯尼亚在 2020 年 10—12 月、2021 年 3—5 月、2021 年 10—12 月、2022 年 3—5 月、2022 年 10—12 月连续降水不足，其中 2022 年 3—5 月几乎是过去 70 年来最干旱的时期，一些地区的降水量仅为过去同期平均降水量的 10%。

根据肯尼亚旅游部门统计，从 2021 年 8 月至 2022 年 1 月，长颈鹿的死亡数量至少达到了 215 头，亨氏牛羚的死亡数量约 30 头。亨氏牛羚濒临灭绝，全球野生亨氏牛羚种群规模仅 300～500 头，持续的干旱影响了该物种的存亡。仅 2022 年的前 9 个月就有包括大象、角马、长颈鹿、水牛、平原斑马和细纹斑马等多种野生动物死亡。另外，到 2023 年初，索马里有约百万人流离失所，埃塞俄比亚有几十万人流离失所，整个东非地区有三百多万人因为干旱而成为难民。

ENSO 现象通过洪涝和干旱灾害影响到每个人的生活，玉米、小麦、水稻等世界主要农作物的产量都会受气候波动的影响。从某种意义上来说，ENSO 现象是全球的旱涝密码，"小男孩"和"小女孩"任性起来，就会搅动全球气候，使气候异常。

(((知识小卡片

印度洋偶极子 (IOD) 东印度洋和西印度洋之间的海温振荡现象，当东印度洋海温偏高时，西印度洋海温偏低；而当东印度洋海温偏低时，西印度洋海温偏高。

火山爆发导致"无夏之年"

　　2022 年 1 月 15 日，南太平洋岛国汤加海域出现大规模火山爆发，巨大的爆炸声甚至传到了数百千米外的斐济和数千千米外的新西兰北岛。火山爆发引起的火山灰直冲云霄，卫星探测结果显示，火山灰最高冲至约 28 千米高空，卫星云图上甚至可见爆发形成的蘑菇云。火山爆发还引发了越洋海啸，影响了整个太平洋沿岸地区。距离火山爆发中心约一万千米远的智利也监测到明显的海啸波，海啸最大高度达 1.5 米。这次火山爆发严重影响了航空安全和通信网络，汤加海底的电缆断裂，汤加和外界的所有联系都被中断，汤加一度从互联网的世界里"消失"。

火山爆发时从地下喷出来的物质包括固体的岩石碎屑、液体的火山熔岩和火山气体，火山气体的主要成分是水汽，还有二氧化硫、二氧化碳、硫化氢、氯化氢、一氧化碳和氟化氢等。

小贴士

1816年，全球都非常冷。欧洲历史上称这一年为"无夏之年"或者"饥荒之年"。这一年连夏天都很冷，人们在瑟瑟寒风中度过了整整一年。查阅相关记录可知，当年寒冷的程度可见一斑。1816年因寒冷造成的灾荒成为19世纪欧洲最严重的灾荒。

温暖远遁，全球同此寒凉。当年我国东部季节节奏被打乱，长江流域洪水泛滥，江西和安徽多地在夏季出现降雪和混合降水，吉林双城地区出现了霜冻，农田损毁。而印度地区夏季季风迟迟不到，季风到来后，又引发洪水泛滥，加剧了恒河流域的霍乱疫情。

究其原因，1815年4月，印度尼西亚松巴哇岛上的坦博拉火山爆发，爆发等级达到7级，可能是过去2000年里最大的一次火山活动。据记载，坦博拉火山在这次火山爆发前高度为4100米，在火山爆发之后其高度只剩下2850米。火山形成直径达6000多米，深约700米的巨大火山口。

这次火山爆发时产生的火山灰柱高度达到45千米（到了平流层高处），火山灰随风飘散，150千米之外的地方火山灰有1米厚，300千米之外的地方有25厘米厚，到了1000千米之外的地方还有5厘米厚。火山灰完全遮蔽了天空。据记载，火山爆发一周后，距火山几百千米外的爪哇岛上空依然黑得伸手不见五指。这次火山活动共造成7万多人死亡，其中1万多人的死亡是直接由火山爆发造成的，其他人则是死于饥荒和疾病。

当强火山爆发时，火山喷发出的火山灰和硫酸盐气溶胶会突破大气低层对流层顶（热带地区对流层顶高达18千米，高纬度地区对流层顶约为10千米），进入平流层。火山灰是比较大的颗粒，很快就会通过干或湿过程沉降，因此对气候的影响较小。但火山喷发出的二氧化硫气体会在较短时间（一到两个月）内形成硫酸盐气溶胶。由于平流层大气稳定，没有雷雨等天气现象，到达平流层的硫酸盐气溶胶存在时间长达一年以上，并会随着平流层大气环流到达全球各地。这些硫酸盐气溶胶进入平流层后，阻挡和削弱到达地球表面的太阳辐射，使地表温度降低。

火山爆发的影响可达万里之外，不仅带来温度的变化，当火山的硫酸盐气溶胶笼罩整个平流层的时候，天空还会出现异常漂亮的朝霞和晚霞。不论清晨还是夜晚，不论刮风还是下雨，甚至在大雨之后，红色、橙色的天空随时都在，这种现象被称作干雾。干雾不会因为降水而消失，因为降雨发生在对流层，而硫酸盐气溶胶则是在更高的平流层。英国画家约瑟夫·玛洛德·威廉·透纳画了两幅他眼中的天空。一幅是受硫酸盐气溶胶影响的，天空呈现橙色和红色；另一幅是没有硫酸盐气溶胶影响的，天空是蓝色的。

人们在 1816 年看了整整一年的红色天空，可能当时他们万分想念蓝天。

火山爆发确实能对全球气候造成影响，这与火山爆发后进入平流层的硫酸盐气溶胶量有关，与火山爆发持续的时间、造成的经济和人员损失、声响大小等并无很大关联。在 20 世纪最主要的几次火山爆发中，1963 年阿贡火山爆发后约有 800 万吨二氧化硫进入平流层，1982 年埃尔奇琼火山爆发后约有 700 万吨二氧化硫进入平流层，1991 年皮纳图博火山爆发后约有 2000 万吨二氧化硫进入了平流层，这三次火山爆发都在全球温度序列里留下了印记，降温幅度分别约为 0.2 摄氏度、0.2 摄氏度和 0.5 摄氏度，持续时间为 1～2 年，这在全球温度的上升曲线上非常显眼。如果进入平流层的二氧化硫较少，则不会对全球温度产生显著影响。考虑到火山对全球气候可能产生的影响，我们对来自"地下的怒火"还需要保持警惕，时刻监测其发展和变化。

灾害应对与大气环境保护

　　协调人和自然之间的关系，十分考验人类的智慧。恐怖的核战争可能会摧毁稳定的气候，这是为什么？为了应对日益严峻的全球变暖问题和频发的极端天气，人们产生了很多"奇思妙想"：有人想把近地面的臭氧搬到臭氧层，有人提出在全球种 1 万亿棵树捕获空气中的二氧化碳，制订各种太阳辐射的调控方案，这些想法能有效阻止气候变化吗？

人类如何适应高山气象环境

　　在珠穆朗玛峰地区，由极高的海拔导致的空气稀薄、低温、大风等给人们生活和工作带来诸多困难，甚至危及生命。在这些极端气象环境中，人们为了更好地生存与工作，必须了解和掌握空气稀薄、低温和大风等与人类的关系，并逐渐摸索出上述极端气象环境的规律。

◉ 高山地面风速对人类活动的影响

　　在高海拔地区登山时，除了要掌握地面风速变化随高度迅速增加的规律，做到"早出发，早宿营"，登山者还必须了解大风与低温同时出现带来的严重危害。体感温度与气象观测温度差别很大的原因是大风加速了人体的热量丧失。据测定，当气温为零摄氏度时，若风速在 2.5 米每秒以下，体感温度与气温相同；若风速为 10 米每秒，体感温度为零下 12 摄氏度；风速为 20 米每秒，体感温度为零下 18 摄氏度。若气温为零下 15 摄氏度，风速为 10 米每秒，体感温度为零下 30 摄氏度。一般来说，当体感温

《 知识小卡片

　　风冷效应　指因为有风而令人感到寒冷的现象。

　　风冷相当温度　又叫体感温度，即在相同的气温条件下，风速越大，人身体感觉到的气温越低，这种与气象观测气温不相同的人体感觉气温叫作体感温度。

度低于零下 30 摄氏度时，登山者极易被冻伤。在海拔 7000 米以上攀登，常常会遇到零下 15 摄氏度、风速 10 米每秒的气象条件。

🌑 高山缺氧对人类活动的影响

一般来说，缺氧会给长期居住在平原的人带来不同程度的影响。据高山生理学家统计研究表明，长期居住平原者，初到高山地区，可能会在两个高度上出现缺氧反应，一是 3000 米左右，二是 5000 米左右。若在这两个高度上能逐渐适应缺氧条件，那么，平原久居者在高山地区生活和工作一般就不存在问题了。

据统计，平原久居者到达海拔 3000 米左右时，重缺氧反应者和明显缺氧反应者共占 10%~20%，轻缺氧反应者居多，约占 60%~70%，而无反应者很少，约占 10%。经过在海拔 3000 米左右的短时适应后，当平原久居者再到达海拔 5000 米左右高度，重缺氧反应者约占 30%，明显缺氧反应者约占 40%，基本上无反应或轻缺氧反应者占 30% 左右。

感冒是缺氧反应的催化剂。一般来说，在高山地区感冒对人们影响较为严重，尤其是对平原久居者而言。在高海拔地区感冒发烧，若不及时治疗，往往容易转为肺水肿或肺气肿，重者则转为脑水肿，极易丧失生命。在高海拔地区感冒发烧的表现具有欺骗性，在海拔 3000~5000 米，感冒发烧表现的体温一般比平原感冒发烧时的体温低 1~2 摄氏度，这极易麻痹患者甚至是无高山医学经验的医生，最后酿成严重后果。

缺氧反应表现有三种：

1. 轻反应：头痛但不显著，食欲不太好，进食量比在平原减少 30% 左右，会产生两小时内的失眠。

2. 明显反应：头痛明显，一天中几乎一半多的时间头痛，进食量减少 50% 左右，恶心并偶尔发生呕吐，失眠时间约达 4 小时。

3. 重反应：持续性头痛，卧床不起，多次发生恶心呕吐，食欲不振，进食量减少 50% 以上，失眠时间在 4 小时以上。

人类对于高山环境的适应

在认识并了解高山环境特点及其对人类影响的基础上,只要我们遵循高山环境变化规律,遵守高山环境与人类的关系这一科学事实,顺应自然规律,逐渐地积极适应,便可如鱼得水,自由自在地在高山环境中生活与工作。

归纳起来,平原久居者到高山环境中生活与工作,至少应注意如下几点。

初到 3000 米以上,尤其是乘飞机到达者,在前 3 天,应注意休息,特别是在第 1 天,最好卧床休息。

严防感冒发烧,尤其是在海拔 5000 米以上,一旦有感冒征兆,需要立刻询医问药,防患于未然。对于初到 5000 米高度者,在前 3 天,千万不要做剧烈活动,这是至关重要的。

循序渐进,积极适应。在基本适应高山环境的情况下(不头痛,不恶心呕吐,进食量恢复到平日的 70% 左右),逐日增大活动量,以求得与高山环境的动态平衡。

在高山上活动,尽量早出早归,即早出发,早宿营,避免下午的大风带来冻伤等事故。

要通过高山地区的河流,必须在当地时间正午前通过,以免下午冰川融化带来的山洪威胁生命安全。

在特殊情况下,必须在大风低温中活动时,千万注意保护手指、脚趾和鼻子,以免过低的体感温度引起冻伤。

可以把近地面的臭氧搬到臭氧层吗

布鲁尔－多布森环流是从热带上升到两极，而后下沉的全球环流圈。这个环流圈会将热带地区平流层富含臭氧的空气输送到两极，并通过向下输送将臭氧层中损耗臭氧的卤族物质输送到低层大气，有助于臭氧损耗物质的清除。

近年来，随着经济社会的发展，地表（对流层）臭氧污染问题越来越严重，与此同时，平流层臭氧洞问题也日益严峻。既然要减少地表臭氧浓度，同时增加平流层臭氧浓度，何不效仿南水北调工程，将对流层的臭氧输送到平流层，来填补臭氧洞呢？

臭氧主要存在于平流层和对流层，这两个大气层的臭氧在浓度、来源及影响等方面都存在较大差异。

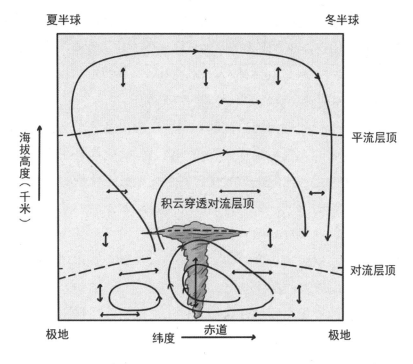

夏半球　　　　　　　　　　　　　　　　　　冬半球

海拔高度（千米）

积云穿透对流层顶

平流层顶

对流层顶

极地　　　　　纬度　赤道　　　　　极地

● 布鲁尔－多布森环流示意图

　　平流层的臭氧约占总臭氧量的 90%，浓度高达 10ppm。对流层仅有
10% 的臭氧，且浓度较低，约为 20 ~ 30ppb。虽然对流层臭氧的含量
相比平流层来说要低，但对流层臭氧浓度的增加已经逐渐引起人们的注意。
19 世纪地面的臭氧浓度仅为 10ppb，而现在一些大城市的臭氧浓度却常
常超过 100ppb。

对流层臭氧和平流层臭氧的形成过程不同。燃料燃烧等排放的挥发性有机物、氮氧化物等在太阳光的照射下会发生光化学反应，生成臭氧。值得注意的是，森林植被也会释放大量具有高反应活性的有机物，这些有机物种类多样，对对流层臭氧的形成起到重要作用。

人们经常用"在天为佛，在地为魔"来形容臭氧。这是因为对流层臭氧是一种重要的大气污染物，其自身也是强氧化剂，在大气污染的过程中起到重要作用，能促进二氧化硫的氧化和氮氧化物的转化，导致酸雨和光化学烟雾的形成。另一方面，臭氧是能使低层大气增温的重要温室气体。此外，地表臭氧浓度的增加会直接危害生态环境，刺激人和动物的呼吸道黏膜组织，也会对植物造成损害，影响农作物产量，高浓度的臭氧甚至会造成大片森林退化。

平流层中的臭氧主要是在自然条件下形成的。在平流层，太阳辐射的紫外线激活并离解氧分子，把它分为两个原子，然后每个原子和其他氧分子结合，生成臭氧分子。臭氧分子不稳定，受紫外线照射后又会分为氧气分子和氧原子。因此，在高层大气中存在臭氧的形成和分解两种光化学过程，当这两种过程达到动态平衡后，臭氧浓度就稳定多了。不同于对流层的臭氧，平流层的臭氧是大气的重要微量成分，它阻挡了强烈的紫外线辐射到达地面，保护了地球上的生命，还对大气垂直温度结构的建立和大气的辐射平衡有着重要作用。可见臭氧是好还是坏，取决于其所在的位置。

用对流层的臭氧去填补平流层的臭氧洞，表面上看，这一想法似乎无可非议，然而替代平流层臭氧存在很多技术困难，需要制造大量的臭氧并找到合理的输送方法。大气中的臭氧总量约为30亿吨，其中大部分位于平流层。要补充全球约4%的臭氧损失，需要1.2亿吨臭氧，并需要将臭氧均匀地分散到距离地球表面20千米以上的高空。目前，世界上没有向平流层输送和散布大量臭氧的合适方法。仅就能量而言，产生如此多的臭氧需消耗约5万亿千瓦时的电能。此外，对大量具有爆炸性和毒性的臭氧的处理和储存要求也很高，所以向平流层输送臭氧这一行为存在着不可预见的环境后果。

即使能够向平流层输送人造臭氧，只要平流层还存在大量破坏臭氧的含氯和溴元素的化合物，在平流层短波紫外线的作用下，大多数臭氧最终将在数周到数月内在化学反应中被破坏，输送工作需要无限期地进行。

因此，用对流层的臭氧去填补平流层的臭氧在目前来说并不可行。要想解决平流层的臭氧洞问题，必须从源头入手，控制氟氯烃等造成臭氧分解的物质的排放。目前已有许多控制氟氯烃排放的国际公约，如《蒙特利尔议定书》《基加利修正案》。随着氟氯烃排放量的减少，臭氧层也在逐步自我修复。只要我们能践行这些公约，增强环保意识，相信在不久的将来，臭氧洞问题就能得到解决。

(((知识小卡片

哈德莱环流圈 又称信风环流圈。赤道附近空气受热上升到对流层后向高纬度输送。受地转偏向力的作用，气流向东偏转，导致高空出现西风。气流到达南北纬30度附近的副热带地区后开始下沉，并在地面重新向赤道方向流动、偏转，形成低纬度偏东风的信风环流，最终汇入赤道的上升气流中，形成闭合环流圈。哈德莱环流与中纬度的费雷尔环流、高纬度的极地环流，构成对流层的三圈环流。

种1万亿棵树能逆转全球变暖吗

据估算，全球目前约有3.041万亿棵树，其中热带和亚热带森林中约有1.3万亿棵树，北方森林地区（以北美北部、北欧和俄罗斯为主）有0.74万亿棵树，温带地区有0.66万亿棵树。树通过光合作用吸收二氧化碳，释放氧气，那么种1万亿棵树能逆转全球变暖吗？这还真不是异想天开的想法，国际社会真的希望能够种1万亿棵树，以应对气候变化，保护生物多样性。

2021年10月，二十国集团（G20）大会通过了《二十国集团领导人罗马峰会宣言》，其中有一个雄心勃勃的目标："我们共享共同种植1万亿棵树的理想目标。"希望能在2050年之前，通过全球的努力种1万亿棵树，达到遏制土地退化、增加碳汇(碳汇是指通过植树造林、植被恢复等措施，吸收大气中的二氧化碳，从而减少大气中温室气体浓度的过程、活动或机制)的目的，从而应对气候变化。

国际上"1万亿棵树活动"的前身是2006年联合国环境署发起的"10亿棵树倡议"，再往前可以追溯到1977年肯尼亚

森林固碳能力受到各种因素的影响，如温度、降水、光照、热量、径流和土壤性质等，森林的年龄也会影响森林的固碳量，一般可以根据年龄将森林分为幼龄林、中龄林、近熟林、成熟林和过熟林，中龄林生态系统的固碳能力最强，而在成熟林和过熟林中，由于森林总量基本停止增长，其对碳的吸收与释放基本保持平衡。

小贴士

的旺加里·马塔伊发起的绿带运动。马塔伊以植树为切入点，推动公众参与，从而实现环境保护、减贫和社会进步，最终在这项活动中种下了3000万棵树，马塔伊也成为第一位获得诺贝尔和平奖的非洲女性。

到2011年底，全球范围内共新种植了120亿棵树。

2018年3月，在联合国环境署和联合国粮农组织等国际组织的推动下，一些国际知名人士和环保组织在摩纳哥共同签署了"1万亿棵树宣言"，计划到2050年前在全球种植1万亿棵树，把种树的规模推上一个新高度。2020年1月，"1万亿棵树"的提议被达沃斯世界经济论坛正式列为大会倡议，提交给参会领袖们进行讨论。最终，这项倡议得到了多国政府的支持，这项活动也获得了全球300多家公司代表的响应。

植树目标实现的过程中，中国的植树造林发挥了重要的作用。根据2019年著名杂志《自然》上的一篇报道，我国在40多年里大约种植了660亿棵树。NASA的卫星数据表明，全球变得更绿了，其中主要的贡献国之一是中国。中国森林覆盖面积的大幅度增加，极大促进了对二氧化碳的吸收。

那如此大规模的植树计划能彻底吸收人类排放的温室气体，从而逆转全球变暖吗？

树在生态系统中的作用非常重要，可以涵养水源，减少水土流失，改善空气，吸收二氧化碳。

根据欧洲环境署的估算，一棵树生长的前20年每年约吸收22千克二氧化碳，也有其他机构估算每棵树每年大约能吸收10千克二氧化碳。如果以后者计算，1万亿棵树每年吸收的二氧化碳约为100亿吨。目前全球二氧化碳的排放量处于历史最高值，2020年总的温室气体排放量约540亿吨，按照各国当前的政策，预计到2030年全球二氧化碳排放量将达到550亿吨。因此，即使我们能够实现种1万亿棵树的目标，新增的树木也仅能吸收约1/5的碳排放量。

科学界对森林的碳吸收量还有不同认识，例如，有科学家指出，如果可以实现种1.2万亿棵树的目标，这些树木在成熟之前（需要约30~40年），可以吸收约2050亿吨二氧化碳，这大约占工业革命以来大气中累计量的1/3。但是，有的科学家指出，2050亿吨二氧化碳的估计值过高，是实际可吸收量的5倍以上。另外，能够植树的区域原本是温带草原或者热带草原，如果将其改造成森林，很有可能在植树过程中造成大量土壤碳的流失，给当地生态系统带来更严重的问题。由于全球变暖，这些区域更易受高温和干旱的影响，容易发生火灾，一旦发生火灾，森林中固定的碳会被重新释放出来。还需要注意的是，如果在高纬度和高海拔地区种植树木，由于这些区域有反射太阳光的雪地，种植树木会让这些地方变暗，从而减少雪地反射的热量和太阳光线，这实际上会加剧全球变暖。此外，对于本土树木的选择非常重要，在干旱地区，生态比较脆弱，如果种植一些外来的速生树木，如松树、桉树和杨树等，会因为用水量巨大，给当地本就脆弱的生态环境造成更大的负担。

　　从可行性上来讲，实现种1万亿棵树的目标还有很多挑战。首先，种1万亿棵树需要约900万平方千米的土地，这差不多和中国的陆地面积一样大。如果减去现有的森林、农田和城市用地，再去除冰川、戈壁、荒漠、苔原等无法利用的土地，全球剩下的荒地并不多，在大规模地推广植

树的过程中势必会侵占农业和畜牧业用地，从而影响全球的粮食供应和粮食安全。其次，目前人类每年大约砍伐150亿棵树，无论是"10亿棵树倡议"还是雄心勃勃的"种1万亿棵树活动"计划，人类的种树速度依然赶不上砍树的速度，所以要想恢复生态，需要先停止破坏。

"种1万亿棵树活动"可能还会产生另一个大问题，即分散减缓气候变化真正需要做的努力。例如，应对全球变暖的核心是减少化石燃料的燃烧和森林的砍伐，就像一个发烧的重症患者，物理冷敷虽然会让他稍微舒服一些，但是并不能解决根本的问题，反而会给患者一个错觉，像是病已经好了。因此，在全球应对气候变化的行动中，核心还是碳减排，只有碳排放总量降低了，才能凸显出种树的价值。

太阳辐射管理的"奇思妙想"

在地球轨道大规模安装反射镜，在沙漠地区大规模铺设镜子，种植经过基因编辑后颜色更浅的作物，将屋顶和道路喷涂成白色，向海洋上空层积云中喷洒海盐或其他气溶胶以使其更明亮，这些都是人们提出来应对全球变暖的脑洞大开的想法，那这些想法能否实施呢？

颜色影响物体对太阳辐射的吸收，地面颜色越深，越容易吸收太阳辐射，地面颜色越浅，越容易反射太阳辐射。从太空看地球，颜色最深的地方是海洋，其吸收了多达90%以上的太阳辐射，而最明亮的地方是新雪和高大的层积云，反射了超过80%的太阳辐射。

小贴士

这些想法都是应对气候变化的思路，也被称作地球工程方法或气候工程方法。地球工程方法从产生之日起就是一个众说纷纭的话题，有人认为它遥不可及，有人认为它是备用方案，有人认为它是当今气候政策的必要组成部分，还有人认为它是对严肃的气候行动的一种威胁。所有人都不否认每个地球工程方法都极具争议性，而其中最具争议性的方法几乎都与太阳辐射管理有关。

太阳辐射管理又被称为太阳能地球工程，其主要设想是将太阳的短波辐射从地球表面反射出去，通过减少进入地球气候系统中的能量输入达到给地球降温的作用。很多人认为，如果全球通过淘汰化石能源降低温室气体排放的努力失败，而温室气体移除技术的研发和部署步伐又较慢，那么采取行动更快的太阳辐射管理项目，可能会成为避免极端天气的唯一选择。

太阳辐射管理的基本构想，如在地球轨道大规模安装反射镜，在沙漠地区大规模铺设镜子等，其目的都是将阳光反射出去，从而为地球降温。

目前讨论最多的方案是将反射粒子（主要是硫酸盐粒子或其他气溶胶）注入平流层，称作"平流层气溶胶注入"，设想的注入方式包括飞机、火箭、高空气球，甚至是高耸到平流层的巨大烟囱。美国哈佛大学和耶鲁大学的研究人员开展了一项"平流层控制扰动实验"，他们打算通过发射一个可操纵的气球，使其到达平流层，在平流层释放气溶胶的小团烟雾，然后测量这些烟雾如何散射光线和改变平流层的化学状态。他们希望证明在平流层注入气溶胶可将一部分太阳辐射反射回太空，从而遏制全球变暖。他们认为这一做法与大型火山爆发产生的全球降温效应有异曲同工之处。

科研人员对气溶胶注入的位置和方式及其对气候的影响做了不少数值模拟工作，他们利用美国国家大气研究中心的地球系统模式模拟在南北纬15度和30度上空的平流层注入硫酸盐气溶胶的气候效应。模拟结果显示，这种做法的确可以降低地球表面温度，但副作用明显，其引发的环境问题主要有三个。

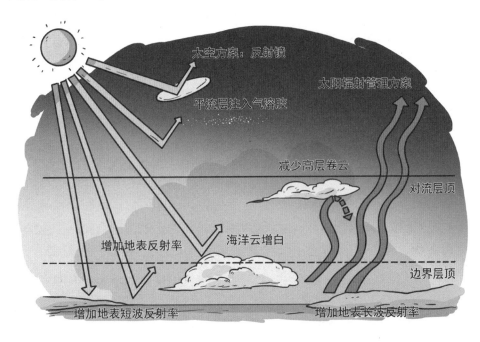

一是平流层粒子浓度增加，使臭氧层破坏更为严重；二是这并不会减少大气中二氧化碳的浓度，不能抵消海洋酸化的影响；三是注入平流层的硫酸盐最终还会变成酸雨落回地面，这对于地球生态系统和人类社会也是巨大的威胁。另外一个不可忽视的问题是，向平流层注入气溶胶时也许可以抑制全球温度升高，但是因为温室气体浓度并未降低，一旦停止注入气溶胶，就会产生严重的"终止效应"，即冷却中断后，全球气温骤然上升。

海洋云增白是太阳辐射管理的另外一个设想，即利用船舶将海水雾化，然后将其喷入低空，形成大量细小（纳米级别）的海盐粒子，在大气层中增加海盐粒子的数量能促进更多细小的水滴形成，从而使云层变得更密集，导致反射率更高，以将更多的太阳光从地球表面反射出去。2016年，澳大利亚悉尼海洋科学研究所和悉尼大学地球科学学院的几位科学家成立了研究团队，希望在澳大利亚大堡礁附近进行海洋云增白的实验，以减少区域海洋增暖，从而挽救正在白化的珊瑚礁。英国曼彻斯特大学、美国华盛顿大学和英国爱丁堡大学的研究人员指出，如果能把云的反射率增加5%，就足以对抗到本世纪末二氧化碳增加带来的增暖效应。

太阳辐射管理最宏伟壮观的计划可能就是太空反光镜法，即将一组规模宏大的镜子送入太空轨道以反射太阳光。镜子数量庞大，可能有数十万到数百万个，连起来的面积可达数百到数千平方千米，这组镜子将到达地球的太阳光反射回宇宙空间。当然，这样的项目成本高得让人望而却步，而且制造和发射这些大镜子需要排出巨量的温室气体，在地球轨道的管理上也将是巨大的工程。

另外一个让人广为关注的设想是"冷屋顶"技术，"冷屋顶"又称"白色反光屋顶"，是指在屋顶表面涂上反射率较高的涂料，从而达到反射更多太阳辐射的目的。不同颜色反射太阳光的能力有差别，例如，黑色涂料能吸收太阳光热能的90%以上，而白色屋顶仅吸收太阳光10%～15%的热能，因此当把屋顶从吸热能力较强的黑色和灰色调整为反射率高的白色时，可以减少建筑物吸收的太阳热量。这样不仅可以减少空调的冷负荷、节约空调的能耗，而且如果在城市楼顶和道路上大规模应用，还可能成为降低城市中心温度，对抗城市热岛效应的有效手段。

关于太阳辐射管理，还有人提出培育反照率更高的转基因作物，让层积云变薄，用塑料薄膜覆盖沙漠，用反光的空心硅珠保护北极冰层等大规模改变地球表面反照率的思路，还有人提议通过制造大量微小的气泡，或者把微珠撒到水里，提高海洋表面亮度，达到反射太阳光的目的。

大多数太阳能地球工程都存在明显的局限性。所有技术都没能直接减少大气中的二氧化碳量，因此无法解决海洋酸化问题。此类技术还有可能引起"终止效应"，当因为某种原因而中断或者失败时，全球气温会迅速上升。另外，平流层硫酸盐气溶胶注入和云增白项目也可能会对全球降雨造成巨大影响，导致极端事件的发生。

尽管已经做了很多模式评估工作，但不少科学家仍指出，目前对太阳能地球工程的效果评估都可能过于简化，一方面，评估的气候模式本身需要进一步发展才能完全反映气候工程的实际影响；另一方面，我们对大量的云微物理过程、辐射与环流的相互作用，以及大气环流还需要进行深入的研究。因此，抛开气候工程本身面临的法律、伦理和社会问题不谈，就科学过程本身而言，也还需要进行更多的研究。

你有什么应对气候变化的妙招呢？

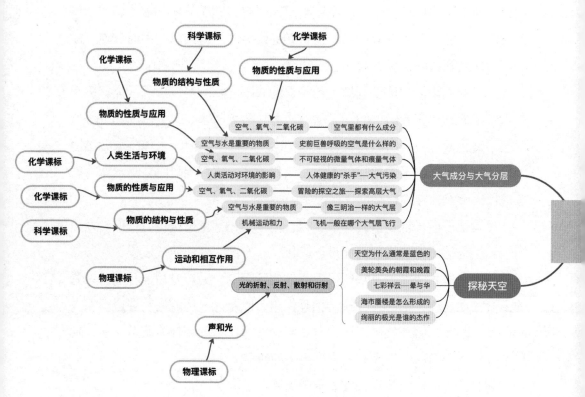

化学课标

科学课标

化学课标

物质的结构与性质

物质的性质与应用

物质的性质与应用

人类生活与环境

化学课标

化学课标

物质的性质与应用

科学课标

物质的结构与性质

物理课标

运动和相互作用

光的折射、反射、散射和衍射

声和光

物理课标

空气、氧气、二氧化碳 —— 空气里都有什么成分
空气与水是重要的物质 —— 史前巨兽呼吸的空气是什么样的
空气、氧气、二氧化碳 —— 不可轻视的微量气体和痕量气体
人类活动对环境的影响 —— 人体健康的"杀手"—大气污染
空气、氧气、二氧化碳 —— 冒险的探空之旅—探索高层大气
空气与水是重要的物质 —— 像三明治一样的大气层
机械运动和力 —— 飞机一般在哪个大气层飞行

大气成分与大气分层

天空为什么通常是蓝色的
美轮美奂的朝霞和晚霞
七彩祥云—晕与华
海市蜃楼是怎么形成的
绚丽的极光是谁的杰作

探秘天空

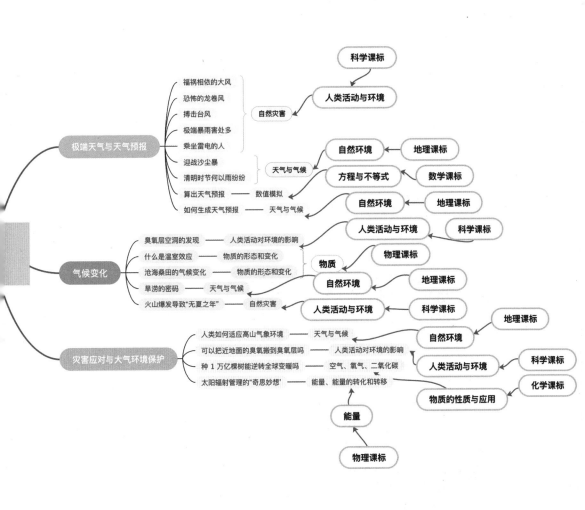

极端天气与天气预报

福祸相依的大风
恐怖的龙卷风
搏击台风
极端暴雨害处多
乘坐雷电的人
迎战沙尘暴
清明时节何以雨纷纷
算出天气预报 —— 数值模拟
如何生成天气预报 —— 天气与气候

自然灾害 —— 人类活动与环境 —— 科学课标

天气与气候 —— 自然环境 —— 地理课标

方程与不等式 —— 数学课标

自然环境 —— 地理课标

人类活动与环境 —— 科学课标

气候变化

臭氧层空洞的发现 —— 人类活动对环境的影响
什么是温室效应 —— 物质的形态和变化
沧海桑田的气候变化 —— 物质的形态和变化
旱涝的密码 —— 天气与气候
火山爆发导致"无夏之年" —— 自然灾害

物质 —— 物理课标

自然环境 —— 地理课标

人类活动与环境 —— 科学课标

灾害应对与大气环境保护

人类如何适应高山气象环境 —— 天气与气候
可以把近地面的臭氧搬到臭氧层吗 —— 人类活动对环境的影响
种1万亿棵树能逆转全球变暖吗 —— 空气、氧气、二氧化碳
太阳辐射管理的"奇思妙想" —— 能量、能量的转化和转移

自然环境 —— 地理课标

人类活动与环境 —— 科学课标

物质的性质与应用 —— 化学课标

能量 —— 物理课标

后记

关于"万物皆有理"

《万物皆有理》系列图书是众多科学家和科普作家联手创作，奉献给青少年朋友的一套物理启蒙科普读物，涉及海洋、天文、地球、大气及生活五大领域，初心是启迪小学生对物理的兴趣，以更好地衔接中学物理课程的学习。

经常会有孩子和家长这样问：市面上那么多科普书，为什么适合小学生的科普书那么少？家长如何才能为孩子选到合适的科普书？孩子不喜欢物理课怎么办？孩子为什么没有科学想象力？

于是，我们希望能做出孩子们喜欢的精品科普读物，既能帮助孩子们提高学习兴趣，又使其不被课堂知识束缚想象力。

市场上适合中小学生阅读的科普精品图书不多的主要原因大概有三个：一是作者对受众的针对性研究不够，不能有的放矢；二是内容的科学性不强，不能获得读者信任；三是文字的可读性不够，不能做到深入浅出。

为什么会出现这些问题呢？

因为科普创作是一门需要文理双通的学问，想写好不容易。有的科学家想为孩子们写科普书，却苦于缺乏深入浅出地讲故事的能力，而很多科普作者又存在科学知识积淀不够等问题。

为了解决这些问题，我们采取了三项措施：一是邀请众多科学家参加创作，以保证科学性，我们邀请了中科院的高登义、苟利军、国连杰、李新正、张志博、冯麓、魏科、王岚、申俊峰、袁梓铭等不同领域的科学家，以他们为核心组成创作团队；二是由科普作家统一策划，对创编人员进行科普创作方法培训，对书稿反复讨论和修改，解决作品可读性问题；三是全员参与研究中小学课程的物理知识，让知识的选取和讲述更有针对性。

创作过程是非常艰辛的。因为我们要求作品不仅能深入浅出有故事性，还要体现"大物理"的概念。也就是说，不仅要传递物理知识和概念，把各种自然现象用物理原理进行诠释，还希望能将科技简史、科技人物、科学精神和人文关怀融入其中，让小读者们知道：千变万化的大自然原来处处皆有理；人类在追求真理的路上是如此孜孜不倦；还有很多未解之谜有待揭示。

由如此众多的科学家与科普作家联手创作的科普作品还是比较少见的，也为解决科学性和趣味性相结合的难题做了一次有意义的尝试。当然，尽管大家努力做到更好，在某些方面也难免不尽如人意，甚至存在错误。欢迎大家批评指正，共同为青少年打造出更好的科普作品。

霞子